由"十三五"国家重点研发计划"装配式混凝土工业化建筑高效施工关键技术研究与示范"（2016YFC0701700）资助

预埋吊件在轻骨料混凝土中拉拔力学性能试验研究及理论分析

孟宪宏　周丽娟　著

U0296294

中国建筑工业出版社

图书在版编目（CIP）数据

预埋吊件在轻骨料混凝土中拉拔力学性能试验研究及理论分析 /
孟宪宏，周丽娟著 . — 北京：中国建筑工业出版社，2018.10
　ISBN 978-7-112-23016-7

　Ⅰ . ①预…　Ⅱ . ①孟…②周…　Ⅲ . ①轻集料混凝土-预
埋件-吊具-拉拔-力学性能试验-研究　Ⅳ . ① TU528.2-33
② TU755-33

中国版本图书馆 CIP 数据核字（2018）第 270822 号

　　本书通过对试验值及规范值的对比分析可知试验极限承载力均大于规范理论值，其
中英国规范《CEN/TR 15728》的理论计算值最大且最接近试验荷载，美国规范《ACI 318》
的理论计算值次之，而我国规范《混凝土结构后锚固技术规程》JGJ 145—2013 的理论计
算结果最小。试验承载力与规范理论值的比值，《CEN/TR 15728》表现得最为平稳，说明
应用该规范的理论公式计算预埋吊件的承载力大小较为合理，应作为主要理论依据。

　　本书内容共 5 章，包括：第 1 章绪论，第 2 章预埋吊件的分类及其工作原理，第 3
章试验方案设计，第 4 章试验结果及性能分析，第 5 章结论与展望。

　　本书可供预埋吊件研究人员及科研院校借鉴使用。

责任编辑：王华月　范业庶
责任校对：张　颖

预埋吊件在轻骨料混凝土中拉拔力学性能试验研究及
理论分析

孟宪宏　周丽娟　著

*

中国建筑工业出版社出版、发行（北京海淀三里河路9号）
各地新华书店、建筑书店经销
北京建筑工业印刷厂制版
北京京华铭诚工贸有限公司印刷

*

开本：787×960毫米　1/16　印张：5　字数：93千字
2018年12月第一版　2018年12月第一次印刷
定价：**28.00**元
ISBN 978-7-112-23016-7
（33084）

前　　言

随着我国城镇化脚步的加快，具有节约资源、缩短工期等优势的装配式建筑得到了迅速发展，这使得装配式建筑施工对安全设计的要求更高。其中预制构件的吊装是施工安全中的重点环节，从预制构件的脱模起吊、翻转养护，到运输吊装及现场安装起吊，吊装作为装配式建筑施工过程中的一个重要环节贯穿了施工过程中的各个节点。但是起吊方式的不同及吊装系统的差异均会导致预制构件在吊装过程中受力不平衡，吊装偏差大，甚至会使构件出现损坏。因此针对装配式建筑吊装的此类弊端，专用金属预埋吊件及吊具的使用对起吊的设计及施工中的作用开始日益凸显。且随着现代建筑逐渐向大跨高层的趋势发展，为了减轻结构自重、提高保温隔热性能，轻质混凝土预制构件也得以快速发展，因此，有必要基于轻骨料混凝土基材试件来研究预埋吊件承载力的折减系数及其影响因素。

根据预埋吊件的构造形式及受力特点将其分为六大类：扩底类、穿筋类、端部异形类、撑帽式短柱、"短小版"扩底类、板状底部类。本书所用吊件主要为扩底类的 SA 分叉提升板件、EA 分叉提升板件、联合锚栓及穿筋类的圆锥头端眼锚栓和提升管件。重点研究所选用的预埋吊件在火山渣混凝土、陶粒混凝土中承载力的变化趋势及其破坏形态。通过将试验极限荷载值与按照《混凝土结构后锚固技术规程》JGJ 145—2013、《ACI318》、《CEN/TR15728》这三本规范中的受拉承载力计算公式所得的规范理论值数据的对比来得到各规范中预埋吊件在轻骨料混凝土中承载力的折减系数。

通过对 54 个试件进行拉拔试验，其中火山渣混凝土基材试件及陶粒混凝土基材试件各 27 个，分析不同种类预埋吊件在轻骨料混凝土中的破坏形态及原因。结果表明所选预埋吊件在轻骨料混凝土中全部发生锥体破坏。而且对同种类型预埋吊件而言，埋深越大其承载力越大，混凝土强度越高其承载力越大，但是对于不同类型的预埋吊件，其承载能力并不一定随着埋置深度、混凝土强度的提高而增加，承载力的大小还和吊件的直径有着直接关系。

通过试验值及规范值的对比分析可知试验极限承载力均大于规范理论值，其中英国规范《CEN/TR15728》的理论计算值最大且最接近试验荷载，美国规范《ACI318》的理论计算值次之，而我国规范《混凝土结构后锚固技术规程》JGJ 145—2013 的理论计算结果最小。试验承载力与规范理论值的比值，

《CEN/TR15728》表现得最为平稳，说明应用该规范的理论公式计算预埋吊件的承载力大小较为合理，应作为主要理论依据。

本书的研究工作是在戴承良、张卢雪、谷立、郭玮、毕佳男、夏程、王亚楠等研究生以及沈阳建筑大学结构实验室技术人员的参与下完成的，在此对他们所做的贡献表示衷心的感谢。

感谢沈阳建筑大学土木工程学院周静海教授对本书的支持。

感谢中国建筑科学研究院王晓锋研究员对本书的支持。

本书由"十三五"国家重点研发计划"装配式混凝土工业化建筑高效施工关键技术研究与示范"（2016YFC0701700）资助。

目　　录

第 1 章 绪 论

1.1 研究背景

近年来，随着我国城市化进程的不断推进，绿色建筑、节能环保的概念逐渐升温，装配式建筑、建筑产业化逐渐成为一种业界趋势，工业及民用建筑产业化成为了建筑业发展的必然趋势，在这种大环境的发展形势之下，预制装配式混凝土建筑的优势得到了业界的重视并取得了长足的发展。预制装配式建筑采用标准化设计、规模化生产、装配式施工、一体化装修的方式建造房屋，能更好地把控生产质量、施工工期以及项目成本等各个环节。顾名思义，预制装配式建筑的主要受力构件在工厂制作完成后运输到施工现场进行连接安装，这种建造方式的优点是施工工期短、建造成本低以及不受季节影响，此举不仅解决了近年来劳动力短缺问题，也为建筑行业的产业转型指明了道路，符合国家发展战略要求，因此预制装配式建筑的发展对我国建筑业有着现实的意义 [1-3]。

我国的预制装配式建筑起步于 20 世纪 50 年代，各种预制构件得到了大量的应用，但是相较于欧美国家，我国的装配式建筑技术仍处于落后阶段，与现浇施工方式相比，目前我国的预制构件的发展有以下缺点 [4-6]。

1）设计难度较大：由于我国装配式建筑起步较晚，预制混凝土构件技术还不够成熟，到目前为止，各地出台各自相应的技术规程，导致预制混凝土结构设计人员及施工人员无法统一标准，此外，预制装配式混凝土结构构件的节点构造与现浇相比较为复杂，设计难度较大 [4]。

2）运输，吊装困难：预制构件一般都在预制构件厂内生产，养护完成后需运输到施工现场进行连接安装，有的预制构件跨度较大（例如大跨度叠合板），在长途运输过程中难免折断，另外在预制构件进行安装过程中要求构件与施工现场预留的节点完全匹配，以免带来不必要的麻烦，但由于构件生产方与施工方通常难以协调统一导致安装困难。如图 1-1 所示为某工地现场安装过程中由于预制底板设计问题与施工现场的现浇柱子无法装配拼接契合。

随着国家经济建设的发展，各地高层建筑层出不穷，随着建筑物高度的增加或跨度的增大，普通混凝土自重大的劣势越发凸显，此时轻骨料混凝土轻质高强的特点引起人们的重视，且尽管轻骨料混凝土的造价高于普通混凝土，但因为可减轻构件自重从而降低基础处理费用，缩小结构断面等优势可使总的工程造价降低 10% 左右，因此轻骨料混凝土与普通混凝土相比有着显著的经济效益。目前轻骨料混凝土在我国已大规模应用于高层建筑或大跨桥梁建筑中，例如永定新河大桥应用的是 LC50 结构轻骨料混凝土，珠海国际会议中心及辽宁省本溪建溪大厦都使用的是轻骨料混凝土。2017 年中建科技成都有限公司的某栋建筑物外墙板采用了自重较轻（如图 1-2 所示）、保温隔热效果显著的轻骨料混凝土材料，但是在现场吊装阶段由于目前国内外没有针对吊装轻骨料混凝土预制构件的技术指标，使得现场施工方为了安全起见不得不将吊点周围轻骨料混凝土挖开从而使预埋吊件埋入普通混凝土中，这样一来既影响预制构件的美观，又因后期的填平增加了工作量、延长工期，因此我们有必要对预埋吊件在轻骨料混凝土中的受力性能进行系统的研究。

图 1-1　预制底板与现浇柱子拼装契合

Fig1.1　Prefabricated floor and cast-in-place column fit together

图 1-2　构件起吊

Fig1.2　Component lifting

综上所述，我国的预制构件技术相对不成熟，建筑工业化整体水平相对较低，且在预制装配式建筑领域存在着预制构件跨度小、承载能力低、吊安装技术落后等弊端，因此针对预制构件吊装技术这一问题，本文详细阐述了用于装配式建筑构件起吊的专用金属预埋吊件的力学性能及其影响因素。吊装作为装配式建筑施工过程中的一个重要环节贯穿了施工过程中的各个节点，包括预制构件生产过程中的脱模起吊、翻转养护以及运输起吊和现场吊装等 [7-9]，由于预制构件设计时是按照构件在正常使用阶段的受力情况进行的截面设计，但吊装时构件的受力体系则不同于正常使用情况下的受力，一般而言吊装需考虑动荷载作用，因此，在吊装过程中构件不一定能承受由自重产生的内力，再者对于受压构件而言，吊装时其受力状况由设计时的受压构件变为了受弯构件，导致该类构件截面的有效高度及配筋均大大减少，使得吊装时构件的承载力大大降低，从而容易导致混凝土预制构件开裂甚至对构件造成无法修复的损坏 [10]。因此随着装配式建筑的大力发展，专用金属预埋吊件及专用吊具 [11] 在建筑施工中的作用日益凸显。

在欧美等发达国家预埋吊件及吊具产品的应用已有 200 多年的历史，德国最先开始将钢丝绳套管压接索具应用于航空领域，后来该项技术被其他发达国家引进并制定了自己的国家标准，随着装配式建筑的发展，作为施工过程中重要环节之一的预制混凝土构件的安全吊运，其相关预埋吊件的产品技术及标准也相应得到了制定和完善 [7]。而对我国而言由于各种原因装配式建筑技术最近几年才得以推广，因此对于构件吊装还是沿袭传统现浇施工方式的吊装技术，在传统的现浇方式施工方法中起吊装作用的一般是用 HRB335 钢筋制作的吊环 [12]，此类吊装系统一般设计强度低、锚固长度长、耗材多，在讲究美观的建筑物上需将吊环外露部分切除，但外露部分的钢筋难免会受到环境作用的影响而锈蚀，从而影响构件的正常使用寿命，因此吊环正在逐渐被淘汰 [13]，取而代之的是专用金属预埋吊件。专用金属预埋吊件是指由不锈钢材料制成的，在浇筑混凝土前将其全部埋入预制构件内部的撑帽式螺栓、撑帽式短柱或者是带弯钩的螺旋钢弯曲锚栓等，吊装时配合专用的吊具进行起吊。如图 1-3 所示。

国内预埋吊件的生产及选用标准大多直接应用欧美等国的技术规程及产品手册，这些产品的控制标准、参数单位、安全系数与国内的参数标准不同，工程上通常使用预埋吊件生产厂家提供的名义荷载作为起吊控制荷载，然而名义荷载是国外科研机构经过多年试验测得的数据拟合结果，是在理想工况状态下得到的，不能直接用来指导国内工程施工。在实际工程中，预埋吊件的承载力大小往往受到边距、间距、有效埋入深度以及构件尺寸等限制，不能完全发挥出应有的名义荷载，应当有所折减，然而在预埋吊件生产单位的产品说明书中大多缺乏由这些因素所造成的折减系数，因此有必要研究这些折减效应，进而规范国内施工。目前我国对预埋吊件在拉拔作用下的研究有以下问题[14]。

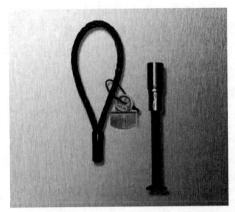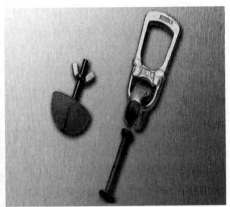

图 1-3　预埋吊件及其专用吊具

Fig1.3　pre buried hangers and their special sling

（1）指导规范：预埋吊件生产厂家众多，构造形式和极限承载力差异较大，其安全系数和极限承载力的大小是否具有实际应用价值，是否适用于各类材料制作的预制构件，对此我国缺乏明确的产品检验标准。

（2）研究现状：我国对于专用预埋吊件的研究起步较晚，目前仍停留在抗拉和抗剪的基本力学性能上，计算公式的提出也大多参考国外相关规范并结合试验得出的半经验半理论公式，缺乏理论分析，不具备指导意义。

（3）实际应用：在实际工程中，预埋吊件的承载力往往受到基材混凝土强度、边距以及间距、埋置深度和混凝土种类等各种因素的影响，其极限承载力往往低于其名义荷载，但是这些承载力的折减系数至今不能实现量化，为吊装的安全埋下隐患。

1.2　国内外研究现状

相比于混凝土后锚固技术规程的相对完善，我国对于预埋吊件产品技术规范以及检测标准相对滞后，缺乏一套明确可行的标准检测方法，但预埋吊件的受力机理及其破坏形态与锚栓以及植筋受力特点和传力途径极其相似，因此通过总结锚栓的研究方法及成果来指导预埋吊件的相关研究，《混凝土结构后锚固技术规程》JGJ 145—2013[15] 对于锚栓的分类、破坏形态、承载力计算方法以及施工验收标准都做出了详细说明。现对国内外的锚栓及少量预埋吊件的研究成果总结如下。

1.2.1 国内研究现状

2004 年同济大学的朱国栋、陈世鸣[16]对胀锚型锚栓的破坏形式及承载力进行了试验研究，应用混凝土破坏准则和弹性力学方法，通过对锚栓在不同强度混凝土中的极限受拉承载力的数值分析，得出如下结论：（1）混凝土基材的锥体破坏是后锚固锚栓在受拉状态下的基本破坏形式；（2）当膨胀性锚栓在混凝土基材中受拉破坏时锥体破坏面的底部直径 R 与有效锚固深度 h_{ef} 近似 1.42 倍的比值关系，从而推导出了专门适用于胀锚型锚栓的承载力理论计算公式；（3）锚栓埋置深度的取值范围一般为 $5d \sim 8d$，过深的埋置深度不会增加锚栓的抗拉承载力。

2003 年张曙光、邹超英[17]对埋置于混凝土中的膨胀型锚栓进行了拉拔试验研究，本次试验通过对五种不同规格的锚栓在强度为 C30 和 C50 两种不同强度混凝土试件中进行拉拔，测试内容包括：（1）测定锚栓在轴向拉力作用下的荷载—位移曲线；（2）测定锚栓的极限承载力，观察混凝土试件及锚栓本身的破坏形态；（3）当混凝土试件发生锥体破坏时测定锥体半径及锥体高度。由试验实测锚栓的抗拉极限承载力值随锚栓埋置深度不同的变化可知，锚栓极限承载力随着自身在混凝土中的埋置深度的增大而增大，但由于锚栓本身的材料力学性能，限制了极限承载力的最大值，因此承载力并不是随着埋深的增加而无限增加。混凝土基材强度是影响锚栓抗拉极限承载力的另一重要因素，试验发现单根锚栓的极限承载力随着混凝土基材强度的提高而增加。此外研究人员根据试验数据利用弹性力学的方式推导出抗拉承载力的理论计算公式。

2004 年同济大学张建荣、石丽忠[18]等对 3 个 C30 混凝土试件进行了植筋锚固的单向拉拔试验。通过测量植筋在不同荷载作用下的钢筋滑移、应变并分析基材试件的破坏过程，总结出了植筋锚固的破坏类型及其受力机理，该试验结果表明：混凝土的锥体破坏和钢筋的破坏过程都呈非线性破坏，从施加荷载到试件破坏过程可分为粘结、黏滞、劈裂、滑移四个阶段，根据试验结果并参考前人研究成果的基础上给出了植筋粘结滑移的本构关系的基础公式，为针对植筋锚固的有限元非线性分析提供了理论基础。同年，此二人又进行了 5 组共计 18 根钢筋的混凝土植筋锚固拉拔试验及破坏机理研究，通过对极限荷载的测定及破坏形态的分析给出了混凝土中植筋锚固的抗拉承载力计算公式，见式（1-1）。

$$N_u = \tau \pi d h_{ef} \tag{1-1}$$

2003 年武汉大学何勇、徐远杰[19]等在对双根化学粘结锚杆在混凝土结构中的锚固性能试验研究中，分析了锚固深度及锚固间距对双根锚栓承载力的影响，试验对锚固深度分别为 $7d$、$10d$、$14d$，锚固间距分别为 100mm、150mm、

200mm 的 54 根锚固钢筋进行研究，研究结果表明，当锚筋埋置深度较小时主要发生混凝土锥体破坏或锚筋拔出破坏，埋深较大时则主要发生钢筋颈缩破坏，且由于混凝土锥体破坏的重叠导致了锚固强度的降低，当锚固间距大于 100mm 时，间距对锚筋受拉承载力的影响较小，当间距大于 200mm 时可不考虑间距对锚筋抗拉承载力的影响。

2007 年扬州大学潘永强[20] 在对混凝土结构化学植筋的群锚效应研究中，对 36 组植筋构件进行了静力拉拔试验，试验采取直径为 14mm、16mm、18mm 的植筋，其锚固深度分别为 $6d$、$9d$、$12d$、$15d$，间距为 $3d$、$5d$、$8d$，通过对各个试件破坏形态的观察以及荷载-位移曲线的分析，研究了植筋在不同锚固情况下的极限承载力、刚度及延性指标，探讨了钢筋直径、锚固深度、锚固间距对群锚植筋锚固性能的影响，根据试验数据推导了群锚植筋的受拉承载力计算公式，试验研究结果表明影响群锚锚固性能的主要因素是植筋埋深，当埋深大于 $15d$ 时试件是由钢筋的屈服而宣告破坏，且在植筋直径及锚固间距相同情况下构件受拉极限荷载随着锚固深度的增大而增大。当植筋锚固间距为 $8d$ 时，各植筋独自受力，群锚钢筋间的相互影响较小，当小于 $8d$ 时，受拉承载力随着间距的减小呈线性降低趋势。

2016 年湖南大学李毅崑[21] 对混凝土用锚栓受拉极限荷载的影响因素进行了试验研究，埋置于混凝土中的锚栓通常以承受轴向拉力为主，因此本次试验通过将 4 种不同规格的锚栓埋置于强度分别为 C30 和 C50 的混凝土试件中进行拉拔试验，得到了锚栓受拉时的荷载-位移曲线。试验分析了对锚栓受拉极限承载力的主要影响因素和锚栓在不同直径锚杆和不同埋深、不同强度混凝土中受拉承载力的变化趋势，试验研究结果表明，锚栓埋置深度、锚杆直径及混凝土基材强度、边距、间距是影响锚栓受拉承载极限荷载的主要因素，埋深越大、混凝土强度越高，则锚栓的抗拉承载力越大。当锚栓间距小于 $4h_{ef}$，边距小于 $2h_{ef}$ 时，单根锚栓的抗拉承载极限荷载会随着边距及间距的增加而变大，埋深对锚栓失效时的破坏模式起着决定性作用，当锚栓埋置深度在一定范围内时主要表现为混凝土的锥体破坏，若埋置深度较小时锚栓破坏主要表现为拔出破坏，但埋置深度大于临界深度时，锚栓限于自身材料力学性能的影响其破坏形式主要为锚栓的拉断破坏。

2009 年吉林大学黎娟娟，王庆华[22] 对混凝土用锚栓受拉承载力进行了研究，分析了影响锚栓受拉承载力的影响因素，并对 ACI 和 CCD 法中锚栓受拉承载力的计算公式进行了对比分析，结论表明：（1）锚栓在受拉荷载作用下主要有锚栓拉断破坏、拔出破坏、混凝土锥体破坏和劈裂破坏、穿出破坏五种形式，其中最常见的破坏形式为混凝土的锥体破坏。（2）对锚栓受拉承载荷载有重要影响的因素有：锚栓埋置深度、混凝土强度、边距和间距以及基材开裂情况。（3）对 ACI318 和 CCD 法两种不同的关于混凝土锥体破坏受拉承载力的计算公式进行对比，发现当基材是普通混凝土或轻骨料混凝土时，可选用 ACI318 的计算公式进行理论计算。

2015 年沈阳建筑大学孙圳[23]通过对 24 个预埋吊件进行拉拔试验，对不同类型预埋吊件在相同强度混凝土中的破坏形式及极限荷载进行分析，通过与吊件名义荷载的对比来分析不同吊件之间的安全系数是否符合规定。

2016 年沈阳建筑大学刘伟[14]通过有限元模拟软件来分析边距对预埋吊件承载能力的影响趋势，其主要建立三个模型组，每个模型边距从 100mm 增加到 150mm。模拟结果表明预埋吊件抗拉承载力随着边距的增加而变大，但当边距增加到 140mm 时，承载力趋于稳定，其与《混凝土结构后锚固技术规程》JGJ 145—2013 规范中规定的临界边距 $1.5h_{ef}$ 较为一致。

综上所述，国内关于锚栓及植筋的抗拉力学性能研究已较为成熟[24-26]，但关于装配式建筑构件吊装使用的预埋吊件还处于一片空白，目前只有沈阳建筑大学的孙圳和刘伟对市场上常见的预埋吊件进行了在边距影响作用下的相关试验研究及其有限元分析，改进并推导出了混凝土锥体破坏受拉承载力的计算公式。

1.2.2 国外研究现状

欧美等国关于锚固技术的研究起步较早，在 20 世纪就开展了关于锚固用锚栓、植筋的承载力及其影响因素的相关研究，目前已取得丰富的研究成果。如美国《ACI》[27-29]和欧洲的《ETAG》[30-32]都对锚栓的设计使用做了明确规定，给出了单个锚栓或群锚的抗拉、抗剪承载力计算公式，并对锚栓的不同破坏形式及影响因素给出了详细说明。其中《ACI》和《ETAG》都提出影响锚栓受拉承载力的主要因素有：锚固深度、锚栓的边距和间距以及基材混凝土强度等。而锚栓在拉力作用下主要有以下五种破坏形式：锚栓拉断破坏，锚栓穿出破坏和锚栓拔出破坏，混凝土锥体破坏以及混凝土的劈裂破坏。这几种破坏形式中最为常见的是混凝土的锥体破坏。

1994 年 9 月欧洲技术认证组织 EOTA 给出了锚栓在未开裂混凝土中破坏荷载和基材混凝土强度以及埋置深度的关系，附录 A 指出锚栓的极限荷载随着基材混凝凝土强度的提高而增大，随着锚固深度的增加按一定比例增长。试验研究表明锚栓的抗拉极限荷载与基材混凝土的强度的平方根及埋置深度的 1.5 次方成正比，但由于锚栓本身材料的力学性能限制其极限荷载不能无限制随着混凝土强度以及锚固深度的增加而增大，当达到锚栓材料力学极限时会发生锚栓的拉断破坏[33-36]。

美国弗罗里达大学的 RonaldA.cook[37-39] 通过对不同类型锚栓的系统研究推导出了后锚固系统承载力在混凝土锥体破坏、粘结面破坏及混合型破坏等不同破坏模式下的计算公式，试验研究表明当锚固深度小于 $1.5h_{ef}$ 时易发生锚栓的拉出破坏，当锚栓锚固深度较大时则易发生锚栓的拉断破坏，且锚栓抗拉承载力随着锚栓锚固深度的增加而增加。

2004 年美国 Sang-Yun Kima[40] 通过对三种不同直径的膨胀锚栓在开裂与未开裂混凝土中的抗拉、抗剪性能进行试验研究，研究结果表明：开裂混凝土中单个锚栓受拉承载力与非开裂混凝土中的相比减少 25%，且承载力随着锚栓直径的增大而减小。

1991 年 Tamon Ueda[41] 对锚栓在素混凝土中群锚的抗剪受力性能进行了试验研究，试验结果表明：群锚受剪时，大多数锚栓发生基材混凝土的锥体破坏，随着锚栓间间距和边距的增加群锚抗剪强度而逐渐变大。为了消除相邻锚栓间的相互影响，锚栓间的最小间距不得低于 $3h_{ef}$（h_{ef} 为锚栓的锚固深度），且当最小间距为 $3 \sim 8h_{ef}$ 时，相邻锚栓之间会相互影响，当锚栓间的间距大于 $8h_{ef}$ 时，相邻锚栓之间无任何影响，抗剪强度也趋于稳定，不再随着锚栓间距的增加而增大。

1996 年 Michael Mcvay[42] 等人对锚栓的受拉力学性能进行了试验研究，研究结果表明受拉破坏始于基材混凝土表面下的受拉区域，破坏在向表面延伸的过程中受到的约束和抗剪能力都增强，当破坏延伸到混凝土表面上时，锚栓抗剪强度随着约束的消失而逐渐下降，且粘结应力沿着锚栓杆件近似均匀分布，根据试验现象 Mcvay 提出了基于弹塑性原理的有限元计算方法，该计算方法可以有效地估算出锚栓抗拉承载力大小及混凝土锥体破坏尺寸。

针对预埋吊件这一专用于吊装的构件，欧美等国也根据自己本国内的使用现状发布了一系列技术手册，用于指导国内施工。其中作为装配式建筑发展最为快速的德国在 2012 年出台了专门针对于预制构件吊装的规范《Lifting Auchor and Lifting Anchor Systems for concrete components》[43]，本规范对预制构件的吊点位置、吊件的配套吊具以及外荷载的计算方法及公式均给出了详细说明，但是却未给出针对于预埋吊件的抗拉、抗剪承载力计算方法。英国在 2008 年出台的规范《Design and Use of Inserts for Lifting an Handling of Precast Concrete—Elements》[44] 中按照预埋吊件的受力特点、传力路径以及使用方法等特点将其分为六大类，并给出了吊装时吊绳倾斜角度的取值及相应的荷载折减系数，以及吊装常规预制构件时的具体要求，如板和墙体吊装时的预埋吊件的埋置深度及轴向荷载作用下的锚固长度都有详细说明。鉴于各国规范的不足德国哈芬集团的 Langenfeld-Richrath[45] 整理了相关规范，对各国相关规范中预埋吊件的适用范围及解决的问题做出了详细的阐述。例如《CEN/TR15728》中没有说明预埋吊件的破坏模式及其安全系数，只是规定了指定工况下的承载力大小。BGR106 中虽然考虑了吊装扩展角、模板粘附力对承载力大小的折减影响，但未给出各种不同类型预埋吊件的极限承载力，其大小只能通过拉拔试验测得，如此便给吊装运输安全埋下了隐患 [46-48]。

1.3 研究内容及目的

1.3.1 研究目的

当前随着装配式结构的大力发展，由轻质高强的混凝土制作的预制构件也得以大量运用，但目前关于轻骨料混凝土预制构件的吊装在国内外均没有一套明确的标准，导致吊装施工复杂，因此本书主要借鉴我国规范《混凝土结构后锚固技术规程》JGJ 145—2013、美国规范《ACI 318》以及英国规范《CEN/TR 15728》中的相关规定对预埋吊件在轻骨料混凝土中的受拉性能进行研究，分析影响预埋吊件受拉承载力的重要因素及其破坏形态，得出其在轻骨料混凝土中抗拉承载力的折减系数。为专用金属预埋吊件技术规程的制定提供一定的试验依据，从而更好地保证吊装施工的安全与质量。

1.3.2 研究内容

针对当前预埋吊件的种类繁多，尺寸及形式各异，导致不同预埋吊件的抗拉承载力不同，本书主要从以下几方面进行研究。

（1）总结及借鉴现有研究成果

目前国内对专用预埋吊件的研究还处于起步时期，但考虑到混凝土结构中锚栓及植筋的受力机理和传力途径与预埋吊件极其相似，并且国内外对于前者的研究已相对成熟，因此在总结前人研究成果的基础之上，了解锚栓及植筋的拉拔承载力影响因素及其破坏形态，借鉴国内相关技术规程及欧美发达国家的相关技术规范研究预埋吊件的传力机理及其承载力的影响因素。

（2）理论分析

根据预埋吊件的受力机理的不同对其进行分类，针对不同类型的预埋吊件阐述其各自的基本工作原理并提出其合理的适用范围，采用《混凝土后锚固技术规程》JGJ 145—2013 及《ACI318》附录中有关锚栓的承载力计算公式得出预埋吊件的抗拉承载力理论计算值并将其与试验数据进行对比，从而推导出预埋吊件在轻骨料混凝土中的有效折减系数。

（3）试验研究

根据预埋吊件产品说明书的介绍，预埋吊件抗拉承载力的主要影响因素有：混凝土材质、强度，基材厚度、配筋情况、有效埋深及边距等，本次试验涉及混凝土材质、边距、有效埋入深度的不同，针对五种构造形式不同的预埋吊件分别在两种不同的轻骨料混凝土中进行系统研究：1）根据预埋吊件的形式及受力原理对其进行分类，阐述各类预埋吊件的基本工作原理及适用范围，并对比锚栓受拉有关规范标准。2）观察试件的破坏过程及其最终破坏形态。对各种破坏形态进行理论分析。3）记录试验极限荷载，将其与规范理论计算值进行对比，从而得出预埋吊件在轻骨料混凝土中的折减系数。

第 2 章　预埋吊件的分类及其工作原理

2.1　概述

随着我国对装配式建筑的大力推广，预制构件的吊运、安装成为施工过程中的中心环节。装配式建筑的整体施工可分为以下三个阶段：预制构件的生产、构件的运输与堆放、预制构件的对接安装。吊运安装的质量优劣直接关系着三个阶段是否能够顺利进行。因此在一些大型工程之中逐渐摒弃了传统的钢筋吊环，转而开始使用专用于吊装系统的金属预埋吊件。与传统吊环相比，预埋吊件有以下几个优点。

（1）传力途径

预埋吊件受到拉力作用后，将荷载直接传递给底部的扩大受力区域或者尾配筋，由底部周围的混凝土对其提供约束力，荷载通过底部区域传递给基材混凝土，且底部的构造形式增加了预埋吊件与混凝土的接触面积，增大了二者之间的粘结作用，进而提高了预埋吊件的承载力。

（2）承载力高

与传统吊环焊接或绑扎在预制构件钢筋骨架不同，预埋吊件的传力方式是其与基材混凝土之间的相互约束力，若基材混凝土配置钢筋或内置斜向加固筋，预埋吊件还可以与钢筋骨架焊接，进一步增加吊件承载能力。

（3）适用广泛

预埋吊件构造形式差异较大，承载能力较高，可根据预制构件的形式不同选择合适的吊件起吊，例如薄板或管道构件的起吊，由于其厚度较小可选用埋深较小的板状底部类预埋吊件或短小底部开叉类预埋吊件。

（4）刚度较大

由于其自身钢材的材料属性，预埋吊件本身的刚度较大，不宜发生塑性变形，可将受力荷载稳定的传递到基材混凝土中，二者共同受力。

预埋吊件与锚栓系统相比，在实际操作中它是在构件钢筋骨架架设期间就固定在预制构件之中，而锚栓则是在成型的构件中通过钻孔后安装的，因此二者的传力路径及受力方式并不尽相同。但是目前国内外并没有明确的针对预埋吊件在混凝土预制构件中的承载力计算方法和在轻骨料混凝土中吊件的承载力折减系数，因此我们有必要对预埋吊件的种类及其工作原理进行梳理。

2.2 预埋吊件的分类及其破坏形态

2.2.1 预埋吊件的分类

目前市面上的预埋吊件形式各异，种类繁多，其名义上的起吊重量也差异较大，因此课题组为了对预埋吊件进行系统的研究，现根据其构造形式及其传力途径的不同将其分为六类：扩底类、穿筋类、端部异形类、撑帽式短柱、短小版扩底类和板状底部类。

扩底类预埋吊件主要包括双头锚栓和分叉提升板件，如图 2-1（a）所示，其埋入混凝土中的底部面积较大，从而与基材混凝土更好的粘结在一起，其传力途径为：预埋吊件受到荷载后沿轴向传递到底部扩大端，再由底部扩大端将力扩散给基材混凝土，其扩大的底部与混凝土浇筑在一起后其机械咬合力增强，承载力提高。

穿筋类预埋吊件主要是指将带肋钢筋穿入吊件孔洞后埋入混凝土中的一类吊件，如图 2-1（b）所示，该类预埋吊件主要由带肋钢筋与混凝土之间的粘结力承受外部荷载。

端部异形类，指吊件端部为弯曲的带肋钢筋，如图 2-1（c）所示，该类预埋吊件的传力途径与扩头类预埋吊件相似，荷载主要沿钢筋向渐进式传递给混凝土，轴向荷载主要由钢筋与混凝土之间的粘结力承担，且弯曲的端部带肋钢筋增加了与基材混凝土的机械咬合力，导致该类预埋吊件的承载力增大。

撑帽式短柱，如图 2-1（d）所示，为扩头式预埋吊件的一类短小款式，在底部也有一个承受并传递荷载的扩大区域，但由于此类吊件的埋置深度较浅、承载力相对较小，一般被用来吊装板或管道等薄壁构件，可承受轴向荷载和剪切荷载。

"短小版"扩底类，如图 2-1（e）所示，该类预埋吊件通常底部开叉或为板状，其埋置深度较浅，起吊荷载比较小，适合吊装薄壁构件，但底部可通过焊接钢筋扩大与混凝土的共同受力区域从而提高其承载力。其头部的孔洞可与环状吊具相连，连接处可以任意旋转各向受力均匀，因此既可传递轴向拉力又可以向混凝土表面传递剪力。

板状底部类是将带有底板的螺纹吊件安装在一个平板上，底部平板为该类吊件提供一个承受轴向荷载的区域，如图 2-1（*f*）所示。这类吊件常用于吊装板类构件。

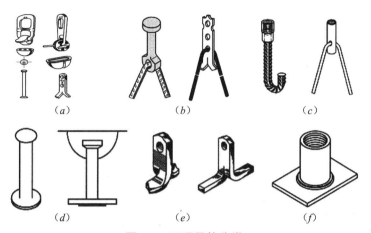

（*a*）　　　　　　　　　（*b*）　　　　　　　　　（*c*）

（*d*）　　　　　　　（*e*）　　　　　　　（*f*）

图 2-1　预埋吊件分类

Fig 2.1　Inserts classification

2.2.2　预埋吊件的破坏形态

在实际吊装施工过程中，预埋吊件会受到众多因素的影响，其破坏模式及承载力计算方法也各不相同，因此在实际使用中为了安全起见，承载力的控制荷载应取其最小值。当前国内外对预埋吊件的相关研究较少，但其受力形式与锚栓、植筋的受力方式极其相似，因此可参考锚栓和植筋的破坏模式将其主要分为受拉破坏、受剪破坏以及拉剪耦合破坏三种形式，本书主要对受拉破坏形式进行研究。在受拉荷载作用下，预埋吊件和基材混凝土都可能发生破坏，本书中借鉴《ACI318》将受拉破坏分为五类：混凝土的锥体破坏、劈裂破坏、预埋吊件的拉断破坏、拔出破坏以及混凝土的侧向破坏。如图 2-2 所示。

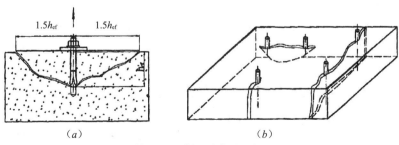

（*a*）　　　　　　　　　　　　　　　　　（*b*）

图 2-2　破坏形式（一）

Fig 2.2　Form of destruction（1）

（*a*）锥体破坏；（*b*）劈裂破坏

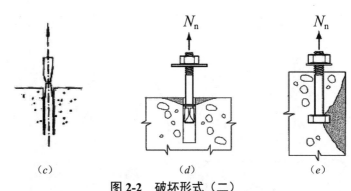

图 2-2　破坏形式（二）

Fig 2.2　Form of destruction（2）

（*c*）拔断破坏；（*d*）拔出破坏；（*e*）侧向破坏

混凝土的锥体破坏是吊装过程中常见的一种破坏形式，其破坏现象主要表现为破坏区域混凝土以预埋吊件为中心线的倒锥体破坏，理想的锥体破坏角度约为35°。此种破坏模式下若预埋吊件之间的间距较小，其锥体破坏区域会相互重叠导致基材混凝土的受力面积减小，从而降低吊件的承载极限能力。

混凝土的劈裂破坏大多发生于预制构件相对较薄，间距较小的情况下，其破坏现象表现为沿着预埋吊件的轴线在混凝土表面上产生了贯通裂缝，该种破坏形式在实际工程中可通过增大预埋吊件之间的间距来避免。

预埋吊件的拉断破坏主要发生于吊件外露部分与混凝土表面的界面位置，多发生于吊件埋深较大，混凝土强度较高且边距较大的情况之下，此时预埋吊件受限于本身钢材的力学性能，其承载能力达到一定界限后便会发生拉断破坏。

预埋吊件的拔出破坏主要是由于吊件的构造形式较为扁平，不能与混凝土形成良好的粘结作用或锁键作用，导致二者之间易出现相对滑移，通常发生在埋深较浅的板状吊件之中。为了防止吊件的拔出破坏通常须给吊件尾部配置螺纹钢筋。

混凝土的侧向破坏主要指预埋吊件离混凝土边缘较近时，混凝土的侧面出现的锥体破坏面，此种破坏形式一般是由于吊件边距较小，一旦开裂预埋区混凝土对吊件的粘结作用便随着裂缝的开展急剧减小。

以上五种破坏形式中劈裂破坏和侧向破坏可人为地通过控制边距、间距大小来避免发生，而预埋吊件的拉断破坏也可在设计时通过计算预埋吊件钢材的极限抗拉强度与有效截面面积的乘积来提前规避，但是由于混凝土的锥体破坏的承载力受众多因素影响，其承载力大小不能直接得出，需要通过拉拔试验得到经验公式，为构件的吊装施工提供参考依据。

2.3　承载力计算方法及其影响因素

当前我国没有专门针对预埋吊件的相关规范，相关研究中其承载力计算方法也大多参考《混凝土结构后锚固技术规程》JGJ 145—2013 和欧美等国相关规范中关于锚栓的承载力计算公式。国外对于预埋吊件承载力的相关研究已取得较大进展，美国规范《ACI318》对锚固系统承载力的计算公式及其影响因素下的修正系数均给出了详细说明，英国规范《CEN/TR15728》中根据构造形式及其适用范围的不同对预埋吊件加以分类，并给出了锥体破坏和侧向破坏的相关承载力计算公式。因此本课题组通过对各国不同的计算方式进行梳理，对比其差异，并与后期的试验值比较，研究预埋吊件在轻骨料混凝土中承载力的折减系数，从而得到半经验半理论公式。

2.3.1　抗拉承载力计算方法

对不同规范而言其吊件或锚栓的极限承载能力都是根据其破坏形式而定，因此本书主要对每种破坏形式在不同规范中的承载力计算公式进行梳理。

（1）《混凝土结构后锚固技术规程》JGJ 145—2013

在《混凝土结构后锚固技术规程》JGJ 145—2013（后面简称《技术规程》）中锚栓的抗拉极限承载力主要按照钢材破坏、混凝土锥体破坏以及混凝土侧面的劈裂破坏来确定。其受拉承载力为：

$$N_{Sd} \leqslant \left\{ N_{Rd,s}, N_{Rd,c}, N_{Rd,sp} \right\} \tag{2-1}$$

式中　N_{Sd}——单个锚栓抗拉承载力设计值；

　　　$N_{Rd,s}$——锚栓拉断破坏时受拉承载力设计值；

　　　$N_{Rd,c}$——混凝土锥体破坏时锚栓的受拉承载力设计值；

　　　$N_{Rd,sp}$——混凝土发生劈裂破坏时锚栓的受拉承载力设计值。

1）拉断破坏

锚栓由于钢材本身特性发生拉断破坏时其受拉承载力设计值按下式计算：

$$N_{Rd,s} = N_{Rk,s} / \gamma_{Rs,N} \tag{2-2}$$

$$N_{Rk,s} = A_s f_{yk} \tag{2-3}$$

2）混凝土锥体破坏

混凝土受拉发生锥体破坏时，其承载力计算公式的影响因素较为复杂，主要有：理论计算破坏面积、实际破坏面积、边距、配筋引起的剥离作用以及混凝土是否开裂等，其具体计算公式为：

$$N_{\mathrm{Rd,sp}} = N_{\mathrm{Rk,s}} / \gamma_{\mathrm{Rc,N}} \tag{2-4}$$

$$N_{\mathrm{Rk,c}} = N_{\mathrm{Rk,c}}^0 \frac{A_{\mathrm{c,N}}}{A_{\mathrm{c,N}}^0} \varphi_{\mathrm{S,N}} \varphi_{\mathrm{re,N}} \varphi_{\mathrm{ec,N}} \tag{2-5}$$

式中：对于开裂混凝土：

$$N_{\mathrm{Rk,c}}^0 = 7.0\sqrt{f_{\mathrm{cu,k}}} h_{\mathrm{ef}}^{1.5} \tag{2-6}$$

对于不开裂混凝土：

$$N_{\mathrm{Rk,c}}^0 = 9.8\sqrt{f_{\mathrm{cu,k}}} h_{\mathrm{ef}}^{1.5} \tag{2-7}$$

3）若混凝土基材厚度小于 $2h_{\mathrm{ef}}$ 且边距小于 $1.5C_{\mathrm{cr,\,sp}}$ 时，混凝土可能在荷载作用下发生劈裂破坏，其计算公式如下：

$$N_{\mathrm{Rd,sp}} = N_{\mathrm{Rk,sp}} / \gamma_{\mathrm{Rsp}} \tag{2-8}$$

$$N_{\mathrm{Rk,sp}} = \varphi_{\mathrm{h,sp}} N_{\mathrm{Rk,c}} \tag{2-9}$$

$$\varphi_{\mathrm{h,sp}} = \left(h / h_{\mathrm{min}} \right)^{2/3} \tag{2-10}$$

（2）《ACI318M-05》

1）拉断破坏

在《ACI318》中规定锚栓在承受拉力作用下由钢构件控制的极限荷载值 N_{Sa}，应考虑锚件的自身材料属性和锚件的物理直径得出。其计算公式为：

$$N_{\mathrm{Sa}} = nf_{\mathrm{uta}} A \tag{2-11}$$

$$f_{\mathrm{uta}} \leqslant \min\left\{1.9f_{\mathrm{ya}}, 860\mathrm{MPa}\right\} \tag{2-12}$$

2）锥体破坏

由于边距、间距等影响作用，锚栓在受拉荷载作用下发生混凝土锥体破坏时，其锚固区的混凝土破坏强度为：

$$N_{\mathrm{cbg}} = \frac{A_{\mathrm{nc}}}{A_{\mathrm{nc0}}} \varphi_{\mathrm{ed,n}} \varphi_{\mathrm{c,n}} \varphi_{\mathrm{cp,n}} N_{\mathrm{b}} \tag{2-13}$$

式中 N_{b} 为单个锚栓在不受边距及间距影响作用下的承载力，其计算公式为：

$$N_{\mathrm{b}} = k_{\mathrm{c}}\sqrt{f_{\mathrm{c}}'} h_{\mathrm{ef}}^{1.5} \tag{2-14}$$

其中若锚栓和混凝土一块现浇时 $k_{\mathrm{c}} = 10$，若锚栓是后安装则 $k_{\mathrm{c}} = 7$。

3）劈裂破坏

对于撑帽式锚栓若其边距小于 $0.4h_{\mathrm{ef}}$，则通常会发生混凝土的侧向劈裂破坏，因此混凝土的爆裂强度 N_{sb} 不能超过：

$$N_{\mathrm{sb}} = 13c_{\mathrm{a1}}\sqrt{A_{\mathrm{brg}}} \sqrt{f_{\mathrm{c}}'} \tag{2-15}$$

（3）《CEN/TR15728-2016》

1）锥体破坏

《CEN/TR15728-2016》中对于不同形式的预埋吊件的锥体破坏形式给出了不同的计算公式。其主要针对扩底类和非扩底类吊件进行了说明。

对于扩底类预埋吊件，由于底部与混凝土接触面积较大，与混凝土有很好的粘结作用且能集中转移荷载因此《CEN/TR 15728—2016》中此类预埋吊件的锥体破坏承载力计算公式与《技术规程》中锚栓受拉发生锥体破坏时承载力计算公式形式相同。

$$N_{Rd,c} = N_{Rd,c}^0 \times \frac{A_{c,n}}{A_{c,n}^0} \psi_{s,N} \times \psi_{re,N} \times \psi_{ec,N} \tag{2-16}$$

$$N_{Rd,c}^0 = K_N \times \sqrt{f_{c,cube}} \times h_{ef}^{1.5} \tag{2-17}$$

规范中推荐 K_N 取 11.9。其中 γ_c 指混凝土的分项系数，γ_{1+h} 指的是吊装时动力影响系数。

2）拔出破坏

当吊件本身与混凝土粘结性能较弱时易发生吊件拔出破坏。其计算公式为：

$$N_{Rd,c} = \frac{\pi \cdot \psi \cdot l_{bd} \cdot f_{bd}}{\sum a} \tag{2-18}$$

其中当预埋吊件不配置加强筋时：

$$\sum a = \alpha_1 \cdot \alpha_2 \tag{2-19}$$

当预埋吊件配置加强筋时：

$$\sum a = \alpha_1 \cdot \alpha_2 \cdot \alpha_3 \cdot \alpha_4 \tag{2-20}$$

3）侧向破坏

混凝土侧面破坏的危险发生在厚度较薄的预制构件之中，主要是依据锚栓的强度，混凝土的强度以及边距来确定，该强度公式如下所示：

$$N_{RK} = 11.4 \cdot c \cdot \sqrt{\frac{\pi}{4} (d_h^2 - d^2)} \sqrt{f_{ck}} \tag{2-21}$$

2.3.2　各规范中抗拉承载力计算方式差异

以上三本规范中都对抗拉承载力计算公式进行了详细说明，但是在针对破坏形式以及抗拉承载力计算公式的参数修正等方面却不尽相同。

（1）适用对象

《混凝土结构后锚固技术规程》JGJ 145—2013（后面简称《技术规程》）是我国编制的一部关于锚栓和植筋等后锚固技术的规范，《ACI318》则主要是针对锚栓的设计应用，其中包括了现浇及后安装工艺下不同的承载力计算方式，而

《CEN/TR15728》是一部专门针对预埋吊件编制的规范，其中给出了预埋吊件承载力的影响因素及锥体破坏和侧向破坏承载力的计算公式。

（2）破坏形式

各规范对于锚栓或预埋吊件在受拉荷载作用下的破坏形式分类不同，其中《技术规程》中将其分为锚栓的拉断破坏、基材混凝土的锥体破坏以及劈裂破坏三种形式，《ACI318》中将锚栓的破坏形式分为拉断破坏、锥体破坏以及侧向破坏三种形式，而专门针对预埋吊件的《CEN/TR15728》则叙述了基材混凝土的锥体破坏、侧向破坏及拔出破坏。详见表 2-1 所示。

国内外规范受拉破坏分类　　　　　　　　　　　　表 2-1

Tensile failure classification of foreign and domestic standard　　Tab.2.1

规范	拉断破坏	锥体破坏	拔出破坏	侧向破坏	劈裂破坏
《技术规程》	√	√			√
《ACI318》	√	√		√	√
《CEN/TR15728》		√	√	√	

（3）基材混凝土发生锥体破坏时承载力计算的修正系数

在以上三本规范中关于受拉承载力的计算影响因素都提及到边距、埋置深度、以及混凝土强度，且在不同的破坏形态中都有锥体破坏形式。承载力计算公式都采用了基准值公式乘以不同影响因素的修正系数，但是不同规范中对不同影响因素的修正系数取值不同详见表 2-2 所示。

承载力修正参数　　　　　　　　　　　　　　表 2-2

Correction coefficient of bearing capacity　　Tab.2.2

修正参数	《技术规程》	《ACI318》	《CEN/TR 15728》
基准公式	$N^0_{Rk,c} = k\sqrt{f_{cu,k}}\,h_{ef}^{1.5}$	$N_b = k_c\sqrt{f_c}\,h_{ef}^{1.5}$	$N^0_{Rd,c} = \dfrac{K_N}{r_c \times r_{1+h}}\sqrt{f_{c,cube}}\,h_{ef}^{1.5}$
边距	$\varphi_{s,N} = 0.7 + 0.3\dfrac{c}{1.5h_{ef}} \leqslant 1$	$\varphi_{ed,N} = 0.7 + 0.3\dfrac{c}{1.5h_{ef}} \leqslant 1$ c 表示边距，h_{ef} 表示有效埋深	$\varphi_c = 0.16 + \dfrac{c}{1.75 \cdot h_{ef}} \leqslant 1$
工艺做法配筋剥离	只用于后锚固工艺 $\varphi_{re,N} = 0.5 + \dfrac{h_{ef}}{200} \leqslant 1$	适用于现浇和后锚固工艺 —	只适用于现浇工艺 —

修正参数	《技术规程》	《ACI318》	《CEN/TR 15728》
K 的取值	基材开裂 $k = 7.0$ 基材未裂 $k = 9.8$	现浇 $k_c = 10$ 后锚固 $k_c = 7$	$K_N = 11.9$
偏心距	$\varphi_{ec,N} = \dfrac{1}{1 + 2e_N / 3h_{ef}}$ e_N 表示偏心距	$\varphi_{ec,N} = \dfrac{1}{1 + 2e_N' / 3h_{ef}}$ e_N' 表示偏心距	—
混凝土种类	普通混凝土 C20～C60	普通混凝土 C20～C25 或 C50～C60。全轻混凝土承载力计算要乘以 0.75 的折减系数，轻骨料混凝土乘以 0.85	—

其中《ACI318》中专门规定了不同种类混凝土对预埋吊件抗拉承载力的修正系数，如果基材采用的是轻型混凝土受拉承载力要折减系数，全轻混凝土为 0.75，轻骨料混凝土为 0.85，当采用部分灌砂法时则采用线性插值的方法。由此可见，当预埋吊件作用于不同种类的混凝土时即使其强度相同，其受拉承载力也各不相同。在轻骨料混凝土中的受拉承载力是普通混凝土中的 0.85 倍。《技术规程》、《CEN/TR15728》均只规定了在普通混凝土承载力的计算公式。

（4）锥体破坏边距影响系数

关于边距 C 对受拉承载力的影响系数计算方法《CEN/TR15728》给出了与其他两部规范《ACI318》及《技术规程》不同的计算公式，但是三个规范都说明当边距影响系数的计算值大于 1.0 时应取 1.0，由此可知当基材混凝土发生锥体破坏时其受拉承载力不会随边距的增加而无限增大，即存在一个临界边距 $C_{cr,N}$，当预埋吊件到基材边缘距离小于临界边距 $C_{cr,N}$ 时，抗拉承载力会随着边距的增加而提高，当边距大于 h_{ef} 时，则承载力大小不受边距影响。其中《CEN/TR15728》给出的临界边距为 $1.47h_{ef}$，而《ACI318》和《技术规程》中规定的临界边距为 $1.5h_{ef}$。

（5）混凝土种类对承载力的影响

《技术规程》和《CEN/TR15728》中均对基材混凝土强度等级规定为不应小于 C20，且不得高于 C60；且只适用于普通混凝土。而《ACI318》附录 D.3.4 中关于混凝土种类对承载力的折减情况有着相关说明，规范规定如果基材采用的是轻型混凝土，承载力 N 应在普通混凝土承载力计算公式基础之上乘以相应的折减系数，全轻混凝土折减系数为 0.75，轻集料混凝土为 0.85。若基材采用部分灌砂法时，其吊件承载力计算应采用插值法乘以相应的折减系数。

2.3.3 承载力影响因素

影响预埋吊件承载力大小的因素很多，除了基材混凝土强度，预埋吊件的边距、间距以及埋置深度以外，预埋区配筋、混凝土的开裂特性以及预埋吊件的受力状态等都对吊件承载力有较大影响。

（1）混凝土强度

吊装系统是由预制构件和钢制预埋吊件这两大部分组成，基材混凝土对预埋吊件的约束作用及二者材料强度的大小直接影响预埋吊件的承载能力。尤其是当吊件埋深较浅时，混凝土强度对吊件承载力大小有着很大影响。由国内规范《混凝土结构后锚固技术规程》JGJ 145—2013、英国《ETAG》以及美国规范《ACI318》中关于锚固系统的抗拉承载力计算公式表明，承载力大小同基材混凝土的抗压强度成正比。因此高强度混凝土一般被用来制作厚度相对较小的预制构件。随着混凝土强度的提高，预埋区混凝土对预埋吊件的粘结力和锁键力都有一定增加，缓解了局部应力集中现象，有效地抑制了混凝土内部裂缝的开展，从而提高了预埋吊件的承载力。但承载力大小并不会随着混凝土强度的提高而呈线性增长，其极限荷载的上限受到吊件钢材本身力学属性的影响并不会无限制的增加。因此《技术规程》、《ETAG》中都对混凝土的强度等级给出了详细的取值范围。其中我国《技术规程》规定：基材混凝土强度不得低于C20，且不得高于C60，ETAG001 附录 A 中规定基材混凝土强度应取 C20～C25 或 C50～C60。

（2）有效埋深

在受拉荷载作用下，有效埋置深度是影响吊件承载力的一个重要因素，不同的埋置深度对吊装系统的破坏形态及极限承载力产生影响。相关研究表明，当埋置深度较浅且混凝土强度较低时，其破坏形式一般表现为预埋吊件的拔出破坏，承载力较小，美国规范《ACI318》中规定为了防止基材混凝土发生劈裂破坏，锚固深度应小于基材厚度的 2/3。且锚栓在未开裂混凝土中其承载力与锚固深度 h_{ef} 大小的相关关系为承载力随着埋深 h_{ef} 的增加按一定比例快速增长，增幅为 h_{ef} 的 1.5 次方，这与规范中单个锚栓受拉承载力计算公式相符。

（3）边距

混凝土发生锥体破坏时，破坏锥体的顶点位于吊件底部，且锥体张角约为 $35°$，即破坏锥体面在混凝土表面的投影直径约为其埋深的 3 倍。因此混凝土发生锥体破坏的临界边距值为 $1.5h_{ef}$（h_{ef} 为埋置深度大小）。若基材试件边距小于临界边距值时，混凝土表面不能形成完整的锥体破坏，使边缘混凝土受到剪力作用，继而发生劈裂破坏。在受拉荷载作用下，其最小边距应该能保证混凝土能形成完整的锥体破坏面，如此预埋吊件才能将荷载完全传递于预埋区混凝土，使混凝土均匀受力。我国的《技术规程》和美国《ACI318》、欧洲的《ETAG》对于边距效应的折减修正系数均给出了同样的计算公式：

$$\varphi_{s,N} = 0.7 + 0.3\frac{c}{c_{cr,N}} \tag{2-22}$$

式中 c 表示边距大小，$c_{cr,N}$ 表示临界边距，取值为 $1.5h_{ef}$。若 $\varphi_{s,N}$ 的计算值大于 1 时，应取 1.0。

（4）基材开裂和配筋

混凝土自身抗拉强度较低，一般情况下混凝土预制构件都会出现细微裂缝，这些细微裂缝对吊装系统承载力影响很大，起吊过程中由于自重荷载的影响，预埋区混凝土内部微裂缝逐渐延伸，阻碍了预埋吊件将荷载传递与混凝土的传力路径，导致对预埋吊件起约束作用的混凝土区域面积减小，从而承载力降低。锚栓的相关研究表明：和未开裂混凝土相比，锚栓在开裂混凝土中的极限承载力降低 30% ~ 40% 左右。我国规范《技术规程》、美国的《ACI318》和欧洲《ETAG》关于基材混凝土裂缝对承载力大小的影响也给出了相同规定：非开裂混凝土中锚固承载力是开裂混凝土中的 1.4 倍。

在基材混凝土中配置适量钢筋能有效抑制预埋吊件周围混凝土中微裂缝的发展，防止发生基材混凝土的劈裂破坏，从而提高吊装系统的承载力。根据受力性能相同的锚栓相关研究表明，若锚栓作用于开裂混凝土中，基材配筋与在素混凝土中的承载力相比提高 50%。若锚栓作用于非开裂混凝土中，基材配置少量的钢筋与无筋情况相比也可提高 30% 的承载力，若基材采用密集配筋其承载力则可提高 37%。可见基材是否配筋对承载力的大小有着重要影响，但却不宜配置过多钢筋，否则在受拉荷载作用下由于钢筋的剥离使表面混凝土先剥离脱落，导致有效埋置深度减小从而降低承载力。我国《技术规程》对这种剥离作用对承载力大小的影响引入了修正系数 $\varphi_{re,N}$，其计算公式为：

$$\varphi_{re,N} = 0.5 + \frac{h_{ef}}{200} \tag{2-23}$$

基材配筋中若钢筋直径小于 10mm 且钢筋间距不小于 100mm 或锚固区钢筋间距大于 150mm 的情况下不考虑这种剥离影响，其 $\varphi_{re,N}$ 应取 1.0。

（5）基材厚度

预埋吊件埋置于混凝土中，在受拉荷载作用下基材的厚度决定了应力扩散区域的大小，若预制构件厚度较小，则在拉力作用下混凝土表面极易产生贯通的裂缝从而降低整个吊装系统的承载力，如果构件厚度较大，则应力可有效传递于吊件周围的混凝土中。欧洲《ETAG》对基材厚度和承载力的关系给出了相关规定：承载力大小与基材厚度的 2/3 次方成正比。对于基材的最小厚度我国《技术规程》和《ETAG》都规定其为 $2h_{ef}$，且不得小于 100mm。若预制构件厚度较薄，其基材应采用高强混凝土，以满足承载力的设计要求。

（6）动力系数

预制构件在吊装过程中由于吊装机械设备或周围环境的因素会受到动力荷载影响，因此预埋吊件所受到的荷载不仅仅是预制构件的自重，还应考虑该部分动荷载对构件产生的影响，鉴于此我国《混凝土结构设计规范》与英国规范《CEN/TR15728》引入了动力系数这一概念，动力系数指构件吊装时由于起重设备的影响其构件本身自重被放大的倍数。我国《混凝土结构设计规范》规定：验算时应将构件自重乘以相应的动力系数，对脱模、翻转、吊装、运输时可取 1.5。英国《CEN/TR15728》根据不同的起重设备和其中环境对动力系数取不同数值，见表 2-3 所示。

动力系数   表 2-3

Dynamic coefficient   Tab.2.3

起吊设备	动力系数
塔式、门式起重机	1.2
移动式起重机	1.4
平地起吊	2 ～ 2.5
崎岖路面起吊	3 ～ 4

2.4　本章小结

本章根据市面上预埋吊件的构造形式、传力途径及其适用对象进行了更加精细的分类，并阐述了其工作机理。同时对比了国内外相关规范中关于锚固系统、预埋吊件的抗拉承载力计算方法，归纳总结了吊件在受拉荷载作用下的破坏形态及其影响因素。通过本章的论述可知：

（1）预埋吊件主要分为扩底类、穿筋类、端部异形类、撑帽式短柱、"短小版"扩底类、板状底部类这六大类，其中扩底类、穿筋类以及端部异形类预埋吊件埋置深度较大，且主要用于墙体及线性构件的吊装和运输，其传力途径均为底部扩大区域与混凝土形成的键锁力或带肋钢筋与混凝土之间的粘结力。而撑帽式短柱、"短小版"扩底类、板状底部类预埋吊件埋置深度较浅，主要用于板类或管道类构件的吊装，一般需与螺纹钢筋配合使用，以增加其承载能力。

（2）预埋吊件在受拉荷载作用下其破坏模式主要有拉断破坏、混凝土的锥体破坏、劈裂破坏以及混凝土的侧向破坏。并整理了国内外规范中对于不同破坏模式承载力的计算方式。

（3）影响预埋吊件承载力大小的主要因素有基材混凝土强度，混凝土种类、基材厚度、基材开裂和配筋情况、预埋吊件的边距以及埋置深度等。由承载力计算公式可知：在工况相同的条件下承载力随着混凝土强度的提高而增大，因此混凝土应有足够的强度，但应防止由于混凝土强度过高而发生吊件拉断的脆性破坏；《ACI318》对于基材采用轻质混凝土的承载力计算给出了相关的折减系数；基材开裂阻碍了预埋吊件在混凝土中的传力路径，导致对预埋吊件起约束作用的混凝土区域面积减小，从而降低了承载力。基材配筋可有效抑制混凝土的裂缝发展但若配筋过多，在受拉荷载作用下会引起混凝土表面的剥离现象，此时需考虑钢筋剥离折减系数；预埋吊件的承载能力会随着边距的增加而增加，若边距值较小则会使基材混凝土发生劈裂破坏，若边距较大则对其承载力影响较小，因此存在一个临界边距值，其中《CEN/TR15728》中规定的临界边距为 $1.47h_{ef}$，《ACI318》和《技术规程》则为 $1.5h_{ef}$；适当的埋置深度可有效提升预埋吊件的承载能力，若埋置深度较浅会使预埋吊件发生拉出破坏，若埋深较大混凝土强度较高时，则会使吊件发生拉断破坏。

第 3 章　试验方案设计

3.1　试验目的及意义

国内对预埋吊件拉拔试验的研究起步较晚相关研究较少，仅有的几个试验也只是局限于基材为普通混凝土之中。而实际工程中有着许多预制轻型构件，国内关于预埋吊件产品说明书的编写或实际工程的选用都是直接参照欧美规范进行的，而国内施工工艺以及混凝土强度、参数单位等都与国外有着不同之处，直接套用其计算公式来指导国内的工程设计或施工是否合理可行尚待研究，且关于轻骨料混凝土预制构件的吊装国外也缺乏相关的技术规程，目前只有《ACI318》中提出若预埋吊件作用于轻骨料混凝土中其承载力计算应为在普通混凝土中吊件承载力计算公式的基础上乘以相应的折减系数这一方法，但折减系数是否切实有效目前还没有相关试验证明这一点。因此在这种情况下我们有必要对预埋吊件在轻骨料混凝土中的受力性能进行试验研究。

本次试验的目的有如下几点：

（1）观察在不同轻骨料混凝土中预埋吊件在受拉荷载作用下的破坏过程、破坏形态。

（2）测出各个试件中预埋吊件的抗拉极限荷载，将其与规范理论计算结果进行对比，确定出轻骨料混凝土中预埋吊件承载力计算的折减系数。

（3）分析有效埋置深度对预埋吊件抗拉性能的影响。

试验过程中需观察和记录的内容如下：

（1）观察轻骨料基材混凝土在受拉荷载作用下裂缝的产生及其发展趋势。

（2）记录拉拔作用下吊件的极限承载力及吊件拉拔位移值。

3.2　试件设计与制作

根据本次的试验目的共对 5 种预埋吊件的两组共计 54 个试件进行拉拔力学性能试验，试验共分两批进行，每批 27 个预埋吊件分别在火山渣混凝土和陶粒混凝土基材中的拉拔试验，其中相同的吊件做三个试件，每批混凝土伴随试块 6 个。

3.2.1　试验材料的准备

本次试验材料主要包括两大部分：预埋吊件、商用轻骨料混凝土（火山渣混凝土、陶粒混凝土），其主要材料参数如下：

（1）基材混凝土

参照国内外的相关规范，《技术规程》规定锚栓作用的基材混凝土强度等级不应低于 C20 且不得高于 C60，美国规范《ACI318》规定其强度等级为 C20 ～ C25 或 C50 ～ C60，因此本次试验选用混凝土强度等级为 C20 的商用火山渣混凝土和陶粒混凝土，其相关参数见表 3-1 所示。

混凝土参数　　　　　　　　　　　　　　　表 3-1
Concrete parameters　　　　　　　　　　　Table 3.1

批次	骨料	强度等级	实测立方体抗压强度（MPa）	平均值（MPa）
第一批	火山渣	C20	22.9、19.6、20.1、21.3、22.6、18.8	20.9
第二批	陶粒	C20	23.6、22.2、24.4、22.8、25.2、22.2	23.4

（2）预埋吊件

本次试验所用预埋吊件均为德国进口产品，其由特种不锈钢制作而成，相关信息见表 3-2 所示。

预埋吊件相关参数　　　　　　　　　　　表 3-2
The related parameters of the inserts　　　　Table 3.2

吊件名称	安全系数	直径（mm）	安全荷载（kN）	埋深（mm）
SA 分叉提升板件	2.5	—	14	160
	2.5	—	25	170
EA 分叉提升板件	2.5	—	14	200
圆锥头端眼锚栓	2.5	10	13	68
	2.5	13	25	90
提升管件	2.5	16	12	61
	2.5	20	20	73
联合锚栓	2.5	12	5	100
	2.5	16	12	130

　　试验所用的 SA、EA 分叉提升板件如图 3-1 所示，属于扩底类吊件中的吊装锚顶系统，该系统由锚钉和环形吊钩组成。锚钉底部分叉部分可与混凝土形成良好的粘结作用，也可在该类吊件自身孔洞中穿插上带肋钢筋使得混凝土与钢筋之间形成握裹力，从而达到增强吊件承载力的目的。其中 SA 分叉提升板件适用于柱子、梁以及墙体构件的吊装，EA 分叉提升板件由于本身较薄且高度较大，其适用于将薄墙体从水平位置翻转到垂直位置。

图 3-1　分叉提升板件

Fig 3.1　Bifurcation lift plate inserts

　　圆锥头端眼锚栓如图 3-2 所示，属于穿筋类预埋吊件，一般情况下该类型的预埋吊件不能单独使用，需根据产品手册在其尾部配置相应的螺纹钢筋，其传力路径主要是通过配置在尾部的螺纹钢筋将力传递给周围的混凝土。当预制构件较轻时该类吊件可仅仅依靠脚部来转移自身承受的荷载，反之需要布置弯成 30°内角的尾配筋，此时大面积的荷载将通过尾配筋进行传递。此类吊件根据其直径和埋深的不同其负载范围为 1.3 ～ 20t。且由于构件吊装之时预埋吊件底部最先承受荷载，当底部位置开裂甚至发生破坏时，此时由带肋钢筋弯成的尾部筋与混凝土的粘结力发挥作用，防止吊件直接拔出导致构件脱落，起到了一个保护作用。

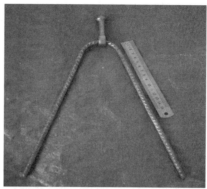

图 3-2　圆锥头端眼锚栓
Fig3.2　Conical head anchor bolt

如图 3-3 所示为试验所用的提升管件，其属于穿筋类预埋吊件，该预埋单吊件顶部为螺纹盲孔可配置螺栓式吊环进行起吊，该类吊件主要适用于柱类或预制墙体的吊装，其受力方式是通过穿插在底部孔洞中的带肋钢筋传递到混凝土之中，使用时需配合专用的吊具。根据其直径和高度的不同其起吊范围为 0.5 ～ 6.3t。

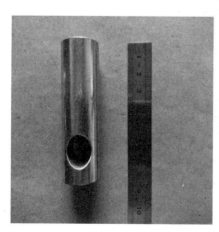

图 3-3　提升管件
Fig3.3　Lifting pipe inserts

联合锚栓如图 3-4 所示，是一种复合式锚杆，其由上部带螺纹的套筒和下部扩底圆柱体组成，在实际吊装过程中需要配置专用的起吊吊具，本试验中因装置、环境条件的限制，采取配置同尺寸的螺栓进而与刚性连接进行焊接的方式。其传力途径与分叉提升板件相似都是通过底部扩大的区域均匀的将荷载传递给周围混凝土，不同的是，联合锚栓配合专用的吊具可承受剪切荷载，其适用于各种尺寸预制构件的起吊。但是该类吊件的弊端为其中部位置是一个变截面构造形式，如荷载较大时，极易在该部位形成应力集中现象，从而导致该部位断裂破坏。

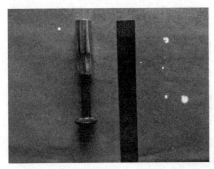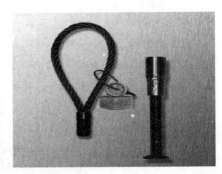

图 3-4　联合锚栓

Fig3.4　Joint pre-buried inserts

3.2.2　试件尺寸设计

基材混凝土试件的尺寸设计应遵循以下原则:

（1）符合国内外规范要求:国外规范《Guideline for european technical approval of metal anchors for use in concrete》附录 A 规定，基材混凝土厚度应不小于 $2\ h_{ef}$，且应大于 100mm，锚固区为 $3h_{ef}$；《混凝土用膨胀型、扩孔型建筑锚栓》JG 160—2004 规定，基材混凝土厚度应不小于 $1.5\ h_{ef}$，且应大于 100mm，锚固区为 $3\ h_{ef}$。为安全起见，将基材厚度取大于 $2\ h_{ef}$，锚固区为 $3\ h_{ef}$。

（2）符合产品手册相关规定:产品说明书中对各类预埋吊件的配筋以及对试件的相关尺寸进行了规定，试件的设计需依据其中的规定。

（3）根据预埋吊件的用途，在符合其用途的前提下进行试件设计，使试验更具有应用性和针对性。如 SA 可适用于提升柱、梁、桁架、墙或者双 T 板，根据我国现行行业标准《装配式混凝土结构技术规范》JGJ 1—2014 中 9.1.3 规定:当房屋超过 3 层时，预制剪力墙截面厚度不宜小于 140mm。目前现有 100m 左右高层居多，并且这些高层的剪力墙的厚度绝大部分都是 200mm、300mm，所以基本确定试验中基材的宽度为 200mm 即边距为 100mm。

因此根据以上三个原则，可对试验所选用的预埋吊件进行基材混凝土试件尺寸设计。其中除 EA 分叉提升板件以外，其余吊件的最大高度为 170mm，因此试件高度设计为 400mm，考虑到本课题自主设计的加载装置的尺寸，试件设计为工字型，且长度为 1200mm，翼缘宽度为 400mm，腹板宽度为 200mm，具体尺寸如图 3-5 所示。但是由于提升管件埋置深度较小，为了考察边距对其的影响力本试验将其宽度设计为 150mm。同理其他类型吊件的尺寸设计也是依据上述规则及考虑到的加载装置尺寸进行设计的，具体尺寸详见表 3-3 所示。

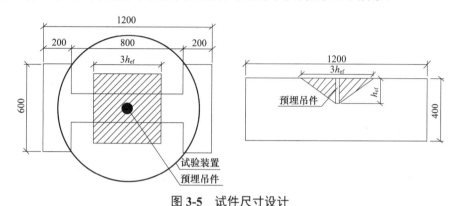

图 3-5　试件尺寸设计

Fig 3.5　Design of specimen size

基材混凝土试件设计　　　　　　　　　　　　　表 3-3

Design of concrete specimen　　　　　　　　　**Tab 3.3**

吊件种类	埋深（mm）	直径（mm）	安全荷（kN）	试件尺寸（mm×mm×mm）	数量（个）
SA 分叉提升板件	160	—	14	1200×200×400（工字型）	6
	170	—	25	1200×200×400（工字型）	6
EA 分叉提升板件	200	—	14	1200×200×450（工字型）	6
圆锥头端眼锚栓	68	10	13	1200×200×400（工字型）	6
	90	13	25	1200×200×400（工字型）	6
提升管件	61	16	12	1200×150×400（工字型）	6
	73	20	20	1200×150×400（工字型）	6
联合锚栓	100	12	5	1200×200×400（工字型）	6
	130	16	12	1200×200×400（工字型）	6

根据上表可知，将埋置深度不同的同种类型预埋吊件设计为同尺寸试件，其目的在于研究埋置深度和直径以及混凝土种类对于预埋吊件在轻骨料混凝土中承

载力的影响。本次试验共使用五种类型预埋吊件 54 个，设计的基材混凝土试件共 54 个，其中火山渣混凝土基材试件及陶粒混凝土基材试件各 27 个，对于每种混凝土基材而言试件主要尺寸及个数为 1200mm×200mm×400mm（工字型）18个，1200mm×150mm×400mm（工字型）6 个，1200mm×200mm×450 mm（工字型）3 个。

3.3 试验加载装置

对于预埋吊件的受拉力学性能，一般有两种试验方法：约束试验法和非约束试验方法。

其中约束试验法是指传统的用地梁将试件牢牢地固定在地面上，当破坏区域延伸到混凝土被压面时由于地梁与试件表面接触面积较大，地梁对预埋吊件周围的基材混凝土起到一个明显的约束作用，使得试验值远远大于实际数据。

非约束试验加载法是指试验装置在将压力传递至混凝土基材上时，加载装置对基材混凝土试件的约束作用不影响预埋吊件的拉拔承载力，或其影响可忽略不计。因此试验加载装置在基材试件上的着力点与预埋吊件之间的距离应大于 3 倍的埋置深度。本试验的试验加载装置选择非约束类型装置。

本次试验过程中需要测量的指标有：预埋吊件的轴向拉力、拉拔过程中吊件与混凝土的相对位移。其中，轴向拉力由 20t 穿心油压千斤顶提供，千斤顶采用手动油泵加载，通过压力传感器接入电脑控制其施加荷载的大小，该试验中所用预埋吊件最大理论计算值为 10.3t，因此选用吨位为 20t 的压力传感器；且手动油泵上的显示屏可直接显示施加力的大小。该试验中直接对吊件产生拉拔力的刚性连接件选择直径为 25mm 的带肋钢筋，通过计算当其承受 100kN 的力时其伸长量仅为 0.125mm，因此在该试验中可忽略在拉拔作用下钢筋产生的附加位移。采用孔径为 25mm 的夹具来固定钢筋防止其发生偏心且夹具孔径可根据实际情况做适当调整。吊件与混凝土之间的相对位移通过磁力表座安置在钢筋上的位移计进行量测的，为防止拉拔过程位移计脱落，试验前在钢筋底部粘贴两块铁片，且位移计与吊件之间的距离大于 $1.5h_{ef}$；每次试验之前，都确保钢筋与试验装置之间无接触，从而消除摩擦力的影响。试验时将混凝土试件放置在地面，支架直接架设在试件两端翼缘，千斤顶放置在支架顶部，当千斤顶施加向上的拉力时其对支架的反力将直接传递到基材混凝土上，从而保证了混凝土试件不会向上翘起发生位移。且钢筋与吊件之间通过焊接直接成为一个整体，加载装置示意图及实物图分别如图 3-6、图 3-7 所示。

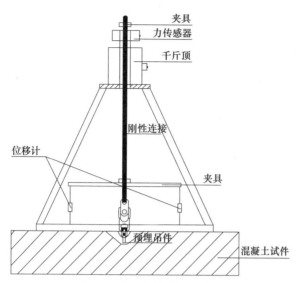

图 3-6　试验加载装置示意图

Fig 3.6　Aschematic diagram of the test loading device

图 3-7　试验加载装置实物图

Fig 3.7　Actual diagram of test loading device

3.4　试验加载方法

本次试验为破坏性试验，因此试验采用手动油泵千斤顶进行连续加载，试验开始之前应先进行预加荷载以便使各装置进入正常稳定的工作状态，并使加载支架与基材混凝土表面更好的接触支撑且最大限度消除各组件装置之间的间隙避免测量误差，预加荷载大小取理论计算值的 5% 并持续 1～2min 后卸载，卸载后数据采集板进行调零。荷载以均匀速率进行加载，整个过程总加载时间共持续为2～5min。每分钟所加载量程为最大试验荷载值或计算理论值的 20%～50%[49-51]。

当出现以下情况之一时，停止加载：

（1）基材混凝土发生贯穿裂缝或出现破坏现象；

（2）预埋吊件被拔出或位移超出位移计量程、吊件在荷载作用下被拔断；

（3）电脑采集的荷载—位移图像出现明显或急速的下降趋势。

3.5　本章小结

本章对试验所选用的五类预埋吊件 SA 分叉提升板件、EA 分叉提升板件、圆锥头端眼锚栓、联合锚栓以及基材轻骨料混凝土的相关参数进行了详细阐述，并根据规范《ETAG》、《技术规范》及产品说明书中的相关规定确定了基材试件尺寸。试验采用连续加载方法，直到试件破坏。

基材混凝土试件共 54 个，其中火山渣混凝土基材试件及陶粒混凝土基材试件各 27 个，试件主要形式有三种，主要尺寸及个数为 1200 mm×200 mm×400 mm（工字型）36 个，1200 mm×150 mm×400 mm（工字型）12 个，1200 mm×200 mm×450 mm 6 个。其中，不同尺寸的同一种预埋吊件，将其预制混凝土试件设计成相同尺寸，其目的在于研究埋置深度对于预埋吊件承载力的影响。

第4章　试验结果及性能分析

4.1　预埋吊件在火山渣混凝土中的拉拔试验

本组试验中基材试件采用火山渣混凝土制作而成，经实测伴随试块可知其容重 1900kg/m³，其实测强度为 20.9MPa，目前我国采用火山渣混凝土制作的预制构件主要有:火山渣轻质混凝土墙板、火山渣混凝土砌块等。这种材料具有节能环保、轻质高强的优点，不仅能满足建筑构件的承重要求还能在一定程度上减轻结构重量。但是在吊装该类轻质构件时并无具体的指导规程，全凭现场经验起吊，因此有必要研究预埋吊件在火山渣混凝土中的力学性能从而为现场施工进行技术指导。

本组试验所选用预埋吊件有 5 种类型，分别为 SA 分叉提升板件、EA 分叉提升板件、提升管件、圆锥头端眼锚栓、联合锚栓。每种规格预埋吊件 3 个。

4.1.1　试验现象及破坏模式

如图 4-1 所示为有效埋置深度为 160mm 的 SA 分叉提升板件在火山渣混凝土试件中的破坏现象，随着荷载的增加，吊件周围混凝土发生起皮现象，试件表面开始出现细微的裂缝，当荷载增加到 36kN 时混凝土内部出现响声，此时混凝土与吊件之间粘结力开始降低，吊件出现滑移趋势，同时裂缝呈倒锥体形状扩展迅速，当荷载增加到 40.85kN 时，基材混凝土发生锥体破坏，此时吊件随混凝土一起沿锥体裂缝被拔断，且基材混凝土竖向裂缝扩展较大，此时停止加载。破坏界面主要为火山渣骨料的断裂，其中基材混凝土锥体破坏区域长为 600mm，高度约为 100mm，破坏区域锥面角度约为 20°，与《技术规程》及《ACI318》中规定理想锥体破坏面角度为 35° 相比偏小。

如图 4-2 所示为有效埋置深度为 170mm 的 SA 分叉提升板件在火山渣混凝土试件中的锥体破坏现象，试件加载初期，预埋吊件和混凝土基材试件均未见明显变化，随着荷载的增加，在荷载为 30kN 时试件内部出现响动，此时表面未见裂缝，当荷载达到 36kN 时预埋吊件周围开始出现起皮现象，上表面形成以预埋吊件为中心对称的竖向裂缝，并开始向前后表面沿斜下方 45° 方向呈倒锥体形状迅速扩展，当锥形裂缝基本形成后沿裂缝中间部位向下形成竖向裂缝。试件发生了较为理想的锥体破坏，锥形体直径约为500mm，高度为130mm，锥形体角度约为28°。与《技术规程》及《ACI318》中规定理想锥体破坏面角度为35°相比偏小。

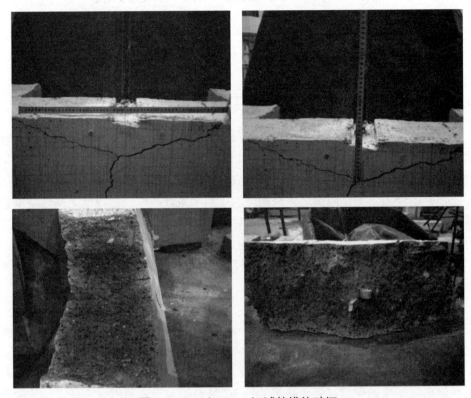

图 4-1　SA（160mm）试件锥体破坏

Fig.4.1　Vertebral destruction of SA（160mm）specimen

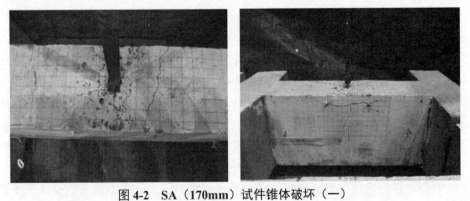

图 4-2　SA（170mm）试件锥体破坏（一）

Fig.4.2　Vertebral destruction of SA（170mm）specimen（1）

图 4-2　SA（170mm）试件锥体破坏（二）

Fig.4.2　Vertebral destruction of SA（170mm）specimen（2）

　　如图 4-3 所示为 EA 分叉提升板件的破坏现象，其在火山渣混凝土基材试件中的埋置深度为 200mm，吊件宽度为 55mm，加载初期基材混凝土和吊件均无明显变化，当荷载达到 35kN 时吊件周围出现贯穿的竖向裂纹，随着荷载的继续增加试件侧面迅速由下向上扩展形成锥形裂缝，其中基材混凝土锥体破坏区域长为 400mm，高度约为 120mm，破坏区域锥面角度约为 31°，与《技术规程》及《ACI318》中规定理想锥体破坏面角度为 35° 相比偏小。

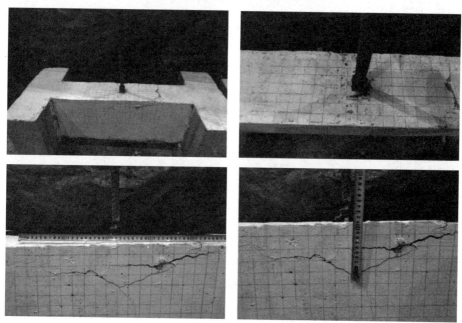

图 4-3　EA（200mm）试件锥体破坏

Fig.4.3　Vertebral destruction of EA（200mm）specimen

　　如图 4-4 所示为有效埋置深度为 68mm 的圆锥头端眼锚栓在火山渣混凝土试件中的破坏现象，依据产品说明书该吊件尾部配置长为 600mm 直径为 10mm 的螺纹钢筋。当千斤顶施加荷载较小时吊件及混凝土无明显变化，其位移逐渐增大。随着荷载的增加，预埋吊件周围的混凝土最先出现细小裂纹，试件的侧面无明显变化，当荷载增加到 36kN 时吊件周围混凝土的裂缝迅速扩展，荷载继续增大到 39.86kN 时混凝土侧面形成较为完整的锥体破坏形状，此时混凝土与吊件之间粘结力开始降低，吊件出现滑移趋势，随着荷载的继续吊件尾部钢筋与混凝土之间的粘结力发挥作用。荷载继续增加当到达 40.14kN 时裂缝宽度达到 5mm，停止试验加载。锥体破坏角度约为 31°。

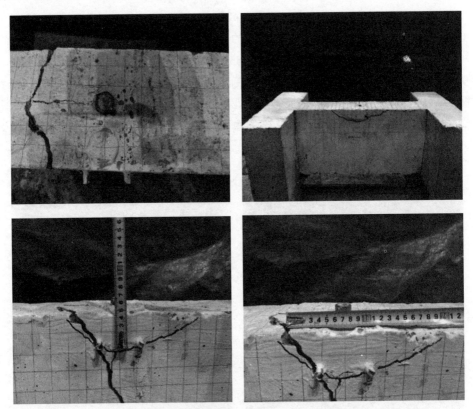

图 4-4　圆锥头端眼锚栓（68mm）试件锥体破坏

Fig.4.4　Vertebral destruction of conical head end bolt bolt inserts（68mm）

　　如图 4-5 所示为有效埋置深度为 90mm 的圆锥头端眼锚栓在火山渣混凝土试件中的破坏现象，依据产品说明书该吊件尾部配置长为 600mm，直径为 12mm 的螺纹钢筋。当千斤顶施加荷载较小时吊件及混凝土无明显变化，其相对位移逐渐缓慢增加。当荷载增加到 11kN 时试件侧面出现小型锥体裂纹，且裂纹随着荷载的增加逐渐扩张，当荷载达到 20kN 时锥体裂缝达到 3mm 的宽度，此时荷载—位移曲线斜率突然增加说明混凝土内部的尾配筋与混凝土之间的粘结力开始发挥了主要作用，荷载继续增加试件侧面沿着破坏锥体的顶点出现竖向裂缝，且该裂缝的宽度逐渐变大，荷载达到 51.78kN 时竖向裂缝贯穿到试件底部。为了防止试件劈裂成两半，此时千斤顶卸载停止试验。经测量破坏的锥体区域长度约为200mm，高为 60mm，锥面破坏角度约为 27°，与发生理想锥体破坏的角度相比偏小。

图 4-5　圆锥头端眼锚栓（90mm）试件锥体破坏

Fig.4.5　Vertebral destruction of conical head end bolt bolt inserts（90mm）

埋置深度为 61mm、73mm 的提升管件试验破坏现象大同小异，都是发生锥体破坏。其中依据产品说明书的要求埋置深度为 61mm 的提升管件，尾部配置长度为 550mm、直径为 10mm 的带肋钢筋。埋深为 73mm 的提升管件尾部配置长为 780mm，直径为 12mm 的带肋钢筋。破坏现象如图 4-6 所示，荷载加载初期试件上表面出现以吊件为中心对称的两条贯通竖向裂，随着荷载的增大，两条裂缝逐渐扩张并向下延伸到试件侧面形成锥体，当荷载继续增加时，锥体破坏区域与基材混凝土脱离此时尾部配筋承担了受拉作用，试件侧面伴随着斜向 45°的斜裂缝产生，且迅速向下延伸，当荷载达到峰值时，斜向裂缝延伸至试件底部其宽度达到 3.5mm 试件宣告破坏，停止加载。该类吊件的整个破坏区域其锥面角度都约为 31°，与理想锥体破坏角度相比偏小。

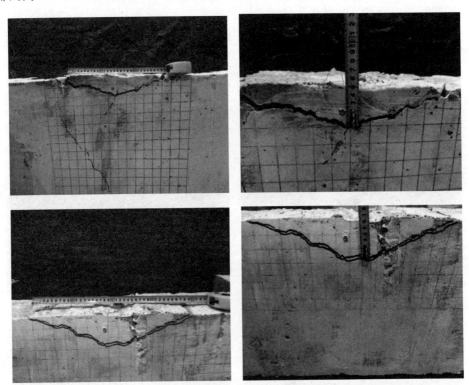

图 4-6　提升管件试件锥体破坏

Fig.4.6　**Vertebral destruction of Lifting pipe inserts**

如图 4-7 所示为有效埋置深度为 100mm 的联合锚栓在火山渣混凝土试件中的破坏现象，当加载初期吊件及混凝土均无明显变化，其位移增量较小。当荷载增加到 8kN 时吊件周围混凝土突然崩裂且裂纹随着荷载的增加逐渐扩张，随着荷载的增加试件侧面出现裂纹并逐渐斜向上发展形成倒锥体，荷载达到 30kN 时锥体裂缝达到 3mm 的宽度，试件其他区域完好无损，并没有竖向裂缝的产生。荷载继续增加到 38.63kN 时锥体破坏区域随着联合锚栓一起被拔出脱离基材混凝土，此时停止试验加载。整个锥体破坏区域锥体长度约为 450mm，高为 85mm，锥面角度约 21°，与理想锥体破坏的锥面角度相比偏小。且拔出的破坏区域混凝土界面显示主要是火山渣骨料的断裂。

图 4-7　联合锚栓（100mm）试件锥体破坏
Fig.4.7　Vertebral destruction of Combined anchor inserts （100mm） specimens

　　如图 4-8 所示为有效埋置深度为 130mm 的联合锚栓在火山渣混凝土试件中的破坏现象，当加载初期预埋吊件与混凝土均无明显变化，随着荷载的缓慢增加，基材混凝土上表面最先出现了以吊件为中心的轴线竖向贯穿裂缝，并随着荷载的增加而扩大，当荷载达到一定程度时以吊件为中心的对称两侧开始出现斜向裂纹，并向下发展形成倒锥体，此时混凝土试件已经发生锥体破坏，整个锥体破坏区域长度约为 460mm，高度约为 150mm 锥面角度约为 33°，此类预埋吊件的锥面破坏角度与发生理想锥体破坏的锥面角度 35° 相比非常接近。由于该吊件埋置较深且锚栓底部为扩大区域能与混凝土形成良好的粘结作用，因此荷载—位移曲线显示为荷载继续增加，随着千斤顶施加拉力的增大，中心竖向轴线开始迅速扩张，基材混凝土出现了劈裂破坏现象，联合锚栓与基材混凝土之间的相互作用开始减弱，吊件在混凝土之中开始出现滑移现象，随着荷载的继续增大，吊件与混凝土之间的相对位移增量也逐渐变大，最终联合锚栓被拔出。整个试验过程中先出现了基材混凝土的锥体破坏，接着随着荷载的继续增加混凝土发生劈裂破坏，预埋吊件被拔出。因此将这种破坏形式称为复合破坏。

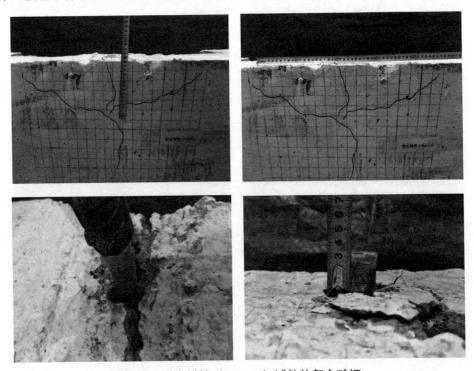

图 4-8　联合锚栓（130mm）试件的复合破坏

Fig.4.8　Composite failure of Combined anchor inserts （130mm） specimen

综上所述本次试基材试件主要发生椎体破坏形式，只有深度为 130mm 的联合锚栓集混凝土椎体破坏、劈裂破坏及吊件的拔出破坏三种破坏形态于一身。现对各类预埋吊件的破坏形态进行汇总，见表 4-1 所示。

<table>
<tr><td colspan="5">试验破坏形态　　　　　　　　　　　　　　表 4-1</td></tr>
<tr><td colspan="5">Test failure mode　　　　　　　　　　　　Tab.4.1</td></tr>
</table>

吊件种类	埋置深度（mm）	火山渣混凝土强度（MPa）	破坏形态	破坏锥面角度
SA 分叉提升板件	160	20.9	锥体破坏	20°
	170	20.9	锥体破坏	28°
EA 分叉提升板件	200	20.9	锥体破坏	31°
圆锥头端眼锚栓	68	20.9	锥体破坏	31°
	90	20.9	锥体破坏	27°

续表

吊件种类	埋置深度（mm）	火山渣混凝土强度（MPa）	破坏形态	破坏锥面角度
提升管件	61	20.9	锥体破坏	31°
	73	20.9	锥体破坏	31°
联合锚栓	100	20.9	锥体破坏	21°
	130	20.9	复合破坏	33°

根据表 4-1 可对各类预埋吊件在火山渣混凝土中的拉拔试验现象及破坏形态总结如下：

（1）本试验过程中所选预埋吊件均发生了混凝土锥体破坏形态，不同的是锥体破坏角度与规范中理想破坏角度 35° 相比较小。

（2）对于发生锥体破坏的试件，其实际破坏锥面角度小于理想锥体破坏角度，其主要原因为：

①对于尾部配置钢筋的预埋吊件而言，其尾部钢筋使得吊件在受拉荷载作用下的传力路径沿着钢筋将力传递给基材混凝土，由于试验时尾部钢筋弯折成了 45°，使得基材混凝土的受力区域变大从而导致破坏区域长度增加，故锥面角度随之减小。如图 4-9 所示。

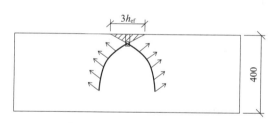

图 4-9　尾配筋的传力路径
Fig.4.9　The force path of the tail reinforcement

②为了防止试件发生受弯破坏，本次试验在理论破坏区域 $3h_{ef}$ 范围内配置了相应的抗弯受力钢筋，由于该钢筋较短且未进行锚固或搭接处理，在试件受拉过程中在抗弯钢筋截面将会最先出现裂缝从而影响锥体破坏裂缝走向，导致锥体破坏高度降低，从而锥体破坏角度减小。

4.1.2　承载力分析

通过对埋置在火山渣混凝土中的各类预埋吊件进行拉拔试验得到其各自的试验极限荷载值，其结果详见表 4-2 所示。

试验荷载值 表 4-2
Test load value Tab.4.2

吊件种类	混凝土强度（MPa）	埋深（mm）	试验破坏荷载（kN）	平均值（kN）
SA 分叉提升板件	20.9	160	46.85/40.85/43.58	43.76
	20.9	170	42.74/46.32/48.96	46.01
EA 分叉提升板件	20.9	200	45.89/43.26/39.89	43.01
圆锥头端眼锚栓	20.9	68	40.14/42.78.78/43.56	42.16
	20.9	90	42.47/46.78/49.64	46.30
提升管件	20.9	61	43.97/54.79/48.77	49.18
	20.9	73	55.75/59.73/59.32	58.27
联合锚栓	20.9	100	39.73/38.63/36.16	38.17
	20.9	130	45.07/41.51/45.93	44.17

从上述表格来看各种类型预埋吊件的极限承载力各不相同，且同一种预埋吊件随着埋置深度的增加，其承载力变大。

现对各规范中的理论公式进行计算，并将其与试验平均值进行对比分析。由于本试验中预埋吊件均发生锥体破坏，因此本次理论值计算主要参考各规范中的锥体破坏计算公式。

①《技术规程》理论计算

承载力理论值按照第 2 章节中所给的式（2-5）和式（2-7）进行计算。

$$N_{Rk,c} = N_{Rk,c}^0 \frac{A_{c,N}}{A_{c,N}^0} \varphi_{S,N} \varphi_{re,N} \varphi_{ec,N} \tag{2-5}$$

$$N_{Rk,c}^0 = 9.8 \sqrt{f_{cu,k}} \, h_{ef}^{1.5} \tag{2-7}$$

计算公式中，$\frac{A_{c,N}}{A_{c,N}^0}$ 表示有边距影响与无边距影响下的预埋面积比值，$\varphi_{S,N}$ 表示边距影响系数，$\varphi_{re,N}$ 表示配筋剥离作用影响系数，$\varphi_{ec,N}$ 表示荷载偏心影响系数。其理论计算值见表 4-3 所示。

将该规范得出的理论值与试验所得的极限承载力平均值进行对比，从而得出预埋吊件承载力折减系数，其对比数据见表 4-4 所示。

理论计算值　　　　　　　　　表 4-3

Theoretical calculation value　　　Tab.4.3

吊件种类	h_{ef}（mm）	$N_{Rk,c}^0$（kN）	$\dfrac{A_{c,N}}{A_{c,N}^0}$	$\varphi_{S,N}$	$\varphi_{re,N}$	$\varphi_{ec,N}$	$N_{Rk,c}$（kN）
SA 分叉提升板件	160	90.67	0.42	0.83	1.0	1.0	31.61
	170	99.31	0.39	0.82	1.0	1.0	31.76
EA 分叉提升板件	200	126.72	0.33	0.80	1.0	1.0	33.45
圆锥头端眼锚栓	68	23.48	1.0	0.97	0.875	1.0	19.93
	90	38.25	0.74	0.90	1.0	1.0	25.47
提升管件	61	21.34	1	0.95	0.81	1.0	16.42
	73	27.94	0.91	0.91	0.87	1.0	20.13
联合锚栓	100	44.80	0.67	0.90	1.0	1.0	27.01
	130	66.41	0.51	0.85	1.0	1.0	28.79

承载力数值对比　　　　　　　表 4-4

Numerical comparison of bearing capacity　　Tab.4.4

吊件种类	埋深（mm）	直径（mm）	试验荷载平均值 N（kN）	《技术规程》理论值 $N_{Rk,c}$（kN）	比值 $\dfrac{N}{N_{Rk,c}}$
SA 分叉提升板件	160	—	43.76	31.61	1.41
	170	—	46.01	31.76	1.46
EA 分叉提升板件	200	—	43.01	33.45	1.32
圆锥头端眼锚栓	68	10	42.16	19.93	2.13
	90	14	46.30	25.47	1.83
提升管件	61	16	49.18	16.42	3.12
	73	20	58.27	20.13	2.90
联合锚栓	100	12	38.17	27.01	1.40
	130	16	44.17	28.79	1.53

　　由表 4-4 可知提升管件的试验值与理论值相差较大，其原因为在试验过程中当基材混凝土发生锥体破坏后由于该类吊件尾部配置了加强钢筋，导致其锥体破坏的裂缝较小时，其能够继续承受荷载，此时吊件本身的承载能力逐渐降低，施

加的拉力荷载主要由尾部的带肋钢筋和混凝土之间的粘结作用承受。故该类吊件在本次试验中与理论计算值相差较大。试验极限荷载平均值与理论计算值的平均比值约为2，即试验极限荷载值约为规范理论计算值的2倍左右，且同一种预埋吊件试验极限荷载随着埋置深度的增加而增大，不同类型的吊件其极限荷载不符合此规律，其极限荷载并不一定是随着埋深的增加而增大，不同类型预埋吊件的极限荷载还和其自身的构造形式或直径大小有关，例如上表中埋置深度为90mm，直径为14mm的联合锚栓其试验荷载平均值为46.3kN，而埋置深度仅为73mm，直径为20mm的提升管件的试验极限荷载却为49.18kN。

预埋吊件的安全系数在一定程度上保障了吊装施工的安全度，它是吊件产品承载力的一个分项系数。在预埋吊件生产厂家提供的产品手册中一般都有吊件的安全系数、安全荷载等信息，名义荷载即生产厂家认为该类吊件能起吊的最大荷载，其值应为实际承载力除以安全系数。通过表4-4可知《技术规程》理论计算公式的指导值和实际试验破坏值相比其安全系数为2.0，与产品说明书中给出的安全系数2.5相比偏低，其原因为本次试验基材混凝土为火山渣混凝土，虽然其强度相同但根据锥体断裂面来看该类混凝土截面处主要表现为骨料断裂，可知该类混凝土的骨料强度要低于普通混凝土的骨料强度，因此本次的试验极限荷载值与作用于普通混凝土中的荷载相比偏低。

依据规范理论公式计算的预埋吊件承载力是依据材料标准值来确定的，其常常被使用为产品手册中的安全荷载，目前国内外没有专门针对于基材为轻骨料混凝土的抗拉承载力计算公式，轻骨料混凝土中由于其骨料强度较低导致实际试验值要低于普通混凝土中的拉拔力，因此与普通混凝土基材的计算值相比轻骨料混凝土的计算值要在普通混凝土计算值上乘以一个折减系数，以保证预埋吊件具有足够的安全系数。由于预埋吊件生产厂家给出的安全系数为2.5，且由表4-4可知试验极限荷载值与普通混凝土的理论计算值的比值为2.0，因此要想使预埋吊件在火山渣混凝土抗拉承载力的安全储备系数为2.5，其理论计算公式需乘以折减系数0.8。

②《ACI318》理论计算

该规范中承载力标准值按照第2章节中所给的式（2-13）和式（2-14）进行计算。

$$N_{cbg} = \frac{A_{nc}}{A_{nc0}} \varphi_{ed,n} \varphi_{c,n} \varphi_{cp,n} N_b \qquad (2\text{-}13)$$

$$N_b = k_c \sqrt{f_c'} h_{ef}^{1.5} \qquad (2\text{-}14)$$

其中，采用现浇工艺时，$k_c = 10$；

计算公式中，$\varphi_{ed,n}$ 表示边距修正系数，$\varphi_{c,n}$ 表示当混凝土未开裂时对应的修正系数，$\varphi_{cp,n}$ 表示混凝土基本破坏强度修正系数。各理论计算值见表 4-5 所示。

理论计算值　　　　　　　　　　　　　　　　　　表 4-5

Theoretical calculation value　　　　　　　　　　Tab.4.5

吊件种类	h_{ef}（mm）	N_b（kN）	$\dfrac{A_{nc}}{A_{nco}}$	$\varphi_{ed,n}$	$\varphi_{c,n}$	$\varphi_{cp,n}$	N_{cbg}（kN）
SA 分叉提升板件	160	92.52	0.42	0.83	1.0	1.0	32.25
	170	101.33	0.39	0.82	1.0	1.0	32.40
EA 分叉提升板件	200	129.31	0.33	0.80	1.0	1.0	34.13
圆锥头端眼锚栓	68	25.64	1.0	0.97	1.0	1.0	24.87
	90	39.03	0.74	0.90	1.0	1.0	25.99
提升管件	61	21.78	1.0	0.95	1.0	1.0	20.69
	73	28.51	0.91	0.91	1.0	1.0	23.61
联合锚栓	100	45.72	0.67	0.90	1.0	1.0	27.57
	130	67.76	0.51	0.85	1.0	1.0	29.37

将按照《ACI318》理论公式计算得出的理论值与试验平均荷载值进行对比，见表 4-6 所示。

承载力数值对比　　　　　　　　　　　　　　　　表 4-6

Numerical comparison of bearing capacity　　　　Tab.4.6

吊件种类	埋深（mm）	试验荷载平均值 N（kN）	《ACI318》理论值 N_{cbg}（kN）	比值 $\dfrac{N}{N_{cbg}}$
SA 分叉提升板件	160	43.76	32.25	1.36
	170	46.01	32.40	1.42
EA 分叉提升板件	200	43.01	34.13	1.26
端眼锚栓	68	42.16	24.87	1.70
	90	46.30	25.99	1.78
提升管件	61	49.18	20.69	2.38
	73	58.27	23.61	2.47
联合锚栓	100	38.17	27.57	1.39
	130	44.17	29.37	1.51

通过表 4-6 可知，试验得出的极限承载力平均值均大于通过《ACI318》中规定的理论计算公式得出的理论值，其比值的平均值约为 1.7，范围为 1.26 ～ 2.47。其中，比值最大的出现在埋深为 73mm 的提升管件这一类预埋吊件中；最小的出现在埋深为 200mm 的 EA 分叉提升板件这一类预埋吊件中。说明 EA 分叉提升板件的安全储备较小在使用时应考虑加固处理措施。

为了保证预埋吊件的安全系数为 2.5，需降低其理论计算指导的安全荷载值。由于本试验中试验平均承载力与理论计算值的比值为 1.7，因此预埋吊件在火山渣混凝土中的承载力折减系数约为 0.7。该折减系数与《ACI318》中规定的吊件在轻骨料混凝土中承载力的折减系数 0.85 相比较小。

③《CEN/TR15728》理论计算

《CEN/TR15728》中预埋吊件承载力计算如第 2 章节中所给的式（2-16）和式（2-17）进行计算。

$$N_{\text{Rd,c}} = N^0_{\text{Rd,c}} \times \frac{A_{\text{c,n}}}{A^0_{\text{c,n}}} \psi_{\text{s,N}} \times \psi_{\text{re,N}} \times \psi_{\text{ec,N}} \qquad (2\text{-}16)$$

$$N^0_{\text{Rd,c}} = K \sqrt{f_{\text{c,cube}}} \times h_{\text{ef}}^{1.5} \qquad (2\text{-}17)$$

规范中推荐 K_{N} 取 11.9。

计算公式中，$\psi_{\text{s,N}}$ 表示边距影响系数，$\psi_{\text{re,N}}$ 表示配筋剥离作用影响系数，$\psi_{\text{ec,N}}$ 表示荷载偏心影响系数。其理论计算值见表 4-7 所示。

理论计算值   表 4-7
Theoretical calculation value   Tab.4.7

吊件种类	h_{ef}（mm）	$N^0_{\text{Rd,c}}$（kN）	$\frac{A_{\text{c,N}}}{A^0_{\text{c,N}}}$	$\psi_{\text{s,N}}$	$\psi_{\text{re,N}}$	$\psi_{\text{ec,N}}$	$N_{\text{Rd,c}}$（kN）
SA 分叉提升板件	160	110.10	0.42	0.83	1.0	1.0	38.38
	170	120.59	0.39	0.82	1.0	1.0	38.56
EA 分叉提升板件	200	153.87	0.33	0.80	1.0	1.0	40.62
圆锥头端眼锚栓	68	30.51	1.0	0.97	1.0	1.0	29.59
	90	46.45	0.74	0.90	1.0	1.0	30.93
提升管件	61	25.92	1	0.95	1.0	1.0	24.62
	73	33.93	0.91	0.91	1.0	1.0	28.10
联合锚栓	100	54.40	0.67	0.90	1.0	1.0	32.80
	130	80.64	0.51	0.85	1.0	1.0	34.96

　　将该规范得出的理论值与试验所得的极限承载力平均值进行对比，其对比数据见表 4-8 所示。

承载力数值对比　　　　　　　　　　　　　　　表 4-8

Numerical comparison of bearing capacity　　　　　　　Tab.4.8

吊件种类	埋深（mm）	试验荷载平均值 N（kN）	《15728》理论值 $N_{Rd,c}$（kN）	比值 $\dfrac{N}{N_{Rd,c}}$
SA 分叉提升板件	160	43.76	38.38	1.14
	170	46.01	38.56	1.19
EA 分叉提升板件	200	43.01	40.62	1.06
端眼锚栓	68	42.16	29.59	1.42
	90	46.30	30.93	1.50
提升管件	61	49.18	24.62	2.0
	73	58.27	28.10	2.07
联合锚栓	100	38.17	32.80	1.16
	130	44.17	34.96	1.26

　　通过表 4-8 可知，试验得出的极限承载力平均值大于通过《CEN/TR15728》中规定的理论计算公式得出的理论值，其比值的平均值与按照《ACI318》的比值相同，约为 1.5，范围为 1.06 ~ 2.07。其中比值最大的出现在埋深为 73mm 的提升管件这一类预埋吊件中；最小的出现在埋深为 200mm 的 EA 分叉提升板件这一类预埋吊件中。若按此公式来指导吊件在轻骨料混凝土中的承载力，为了保证其安全系数为 2.5 应在式（2-17）基础上乘以折减系数 0.6。

　　为了更直观的观测试验平均值与各规范理论计算值之间的关系，现将其数据进行对比分析，见表 4-9 所示。

试验值与理论值的数据对比　　　　　　　　　　表 4-9

Comparison of data between experimental and theoretical values　　　Tab.4.9

吊件种类	埋深（mm）	混凝土强度（MPa）	试验平均值（kN）	《技术规程》理论值（kN）	《ACI318》理论值（kN）	《15728》理论值（kN）
SA 分叉提升板件	160	20.9	43.76	31.61	32.25	38.38
	170	20.9	46.01	31.76	32.40	38.56
EA 分叉提升板件	200	20.9	43.01	33.45	34.13	40.62

吊件种类	埋深（mm）	混凝土强度（MPa）	试验平均值（kN）	《技术规程》理论值（kN）	《ACI318》理论值（kN）	《15728》理论值（kN）
圆锥头端眼锚栓	68	20.9	42.16	19.93	24.87	29.59
	90	20.9	46.30	25.47	25.99	30.93
提升管件	61	20.9	49.18	16.42	20.69	24.62
	73	20.9	58.27	20.13	23.61	28.10
联合锚栓	100	20.9	38.17	27.01	27.57	32.80
	130	20.9	44.17	28.79	29.37	34.96

通过表 4-9 的数据可以发现试验得出的极限承载力远大于各规范计算得到的规范理论值。三大规范的计算公式中，通过《CEN/TR15728》得出的理论值最大，《ACI318》次之，《技术规程》最小。说明《CEN/TR15728》的理论计算公式充分考虑了材料的力学性能，但是用来指导产品安全荷载其安全储备较小。

综上可知，当预埋吊件作用于火山渣混凝土基材时，试验承载力与各规范计算所得理论值的比值各不相同，通过《技术规程》计算，其比值为 1.32～3.12，平均值约为 2.0，所得吊件在轻骨料混凝土中的折减系数为 0.8；通过《ACI318》计算，其比值范围为 1.26～2.47，平均值约为 1.7，所得折减系数为 0.7；通过《CEN/TR 15728》计算，其比值为 1.06～2.07，平均值约为 1.5，所得折减系数为 0.6。试验极限荷载与理论值的比值中《CEN/TR15728》的比值较为平稳，且在三个规范中，比值较大的均发生在圆锥头端眼锚栓和提升管件这两类预埋吊件中，说明这两类预埋吊件在使用时更偏于安全。比值最小的多发生在分叉提升板件这一类预埋吊件中，说明这类预埋吊件在使用时安全性相比其他吊件较差一些，因为该类吊件自身为光滑的板状结构且脚部分叉较小，不能与混凝土形成良好的粘结作用，因此选用时应对该类吊件做好加固处理。

为了更好的反映出试验平均值与各规范理论计算值之间的比例关系，将二者的数据绘制在坐标系上，如图 4-10 所示。

由图 4-10 可知，试验荷载值较为离散，《ACI318》的理论计算值与《技术规程》的理论计算值极其相近，但与试验值偏差较大，说明这两本规范对于预埋吊件承载力的计算较为保守，不能充分发掘预埋吊件的材料力学性能，而《CEN/TR15728》的理论计算值与试验极限荷载较为接近，且二者之间的比例关系趋于平稳，说明《CEN/TR15728》的理论计算公式充分考虑了材料的力学性能。

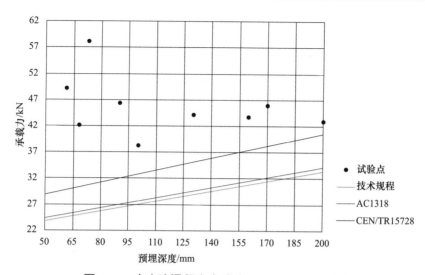

图 4-10　火山渣混凝土中试验值和理论值对比图

Fig.4.10　Comparison diagram of test value and theoretical value in crater concrete

4.2　预埋吊件在陶粒混凝土中的拉拔试验

4.2.1　试验现象及破坏形态

（1）SA 分叉提升板件

SA 分叉提升板件在陶粒混凝土中的拉拔破坏形态均为锥体破坏，如图 4-11 所示为 SA 分叉提升板件在陶粒混凝土试件中的破坏现象，荷载加载初期预埋吊件和混凝土均无明显变化但是相对位移在缓慢增加，随着荷载的增加，试件上表面以吊件为中心轴线的对称两侧最先出现竖向裂纹且随着荷载的增加竖向裂缝开始向斜下方 45°方向延伸形成倒锥体形状，荷载继续增加裂缝开始迅速扩展，并出现沿着倒锥体顶点向下延伸的裂缝，该裂纹随着荷载的继续增大迅速贯穿到试件底部，同时锥体破坏区域与 SA 分叉提升板件一起被拔出，断裂面显示陶粒骨料被拔断。其中埋置深度为 160mm 基材混凝土锥体破坏区域长约为 500mm，高度约为 160mm，破坏区域锥面角度约为 33°；埋置深度为 170mm 的吊件其锥体破坏区域长度为 550mm，锥面破坏角度约为 31.7°，与《技术规程》及《ACI318》中规定理想锥体破坏面角度为 35°相比非常接近。

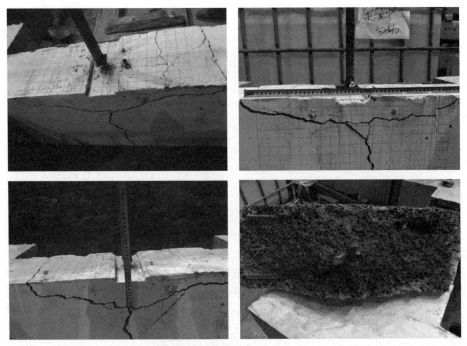

图 4-11　SA 试件锥体破坏

Fig.4.11　Vertebral destruction of SA specimen

（2）EA 分叉提升板件

EA 分叉提升板件在陶粒混凝土中的三个试件均发生锥体破坏，与火山渣混凝土不同的是该吊件开始处于拔出趋势，如图 4-12 所示为有效埋置深度为 200mm 的 EA 分叉提升板件在陶粒混凝土试件中的破坏现象，随着荷载的增加，EA 分叉提升板件周围的混凝土最先出现细小裂纹，试件的侧面无明显变化，当荷载增加到 25kN 时吊件周围混凝土裂缝迅速扩展直至破坏崩裂，荷载继续增大到 44kN 时 EA 分叉提升板件出现松动，此时混凝土与吊件之间粘结力开始降低，吊件出现滑移趋势，随着荷载的继续增加，试件侧面出现了锥体形状裂纹且迅速扩张，该试件破坏区域长度为 470mm，高度约为 140mm，锥面破坏角度约为 31°，与理想锥体破坏面角度较为接近。

（3）圆锥头端眼锚栓

埋置深度为 68mm 的该类吊件主要发生锥体破坏，如图 4-13 所示，当荷载加载到一定程度时试件上边面开始出现裂缝，试件侧面形成不太明显的锥体破坏，荷载继续增加，试件侧面出现细微裂缝并向下贯通，随着荷载的增加锥体破坏区域已无明显变化，只有竖向裂缝迅速扩展。此时该吊件发生锥体破坏，破坏区域长度约 300mm，高度约为 40mm。锥面破坏角度约为 15°，与理想锥体破坏角度相比相差较大。

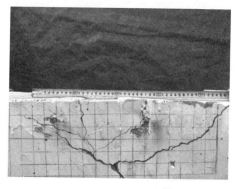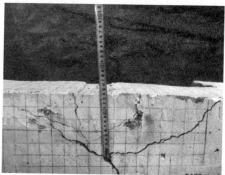

图 4-12　EA 试件锥体破坏

Fig.4.12　Vertebral destruction of EA specimen

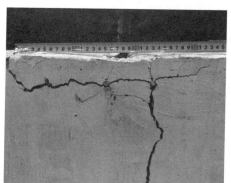

图 4-13　YZ（68mm）试件锥体破坏

Fig.4.13　Vertebral destruction of YZ（68mm）specimen

如图 4-14 所示为埋置深度 90mm 的圆锥头端眼锚栓在陶粒混凝土中的破坏现象，依据吊件产品手册该类吊件在其端眼处配置了长度为 600mm 直径为 12mm 的螺纹钢筋，该螺纹钢筋弯折成 45°，穿过吊件端眼与混凝土现浇在一起。当千斤顶施加荷载较小时吊件及混凝土无明显变化，其位移逐渐增大。当荷载增加到 20kN 时试件侧面出现小型锥体裂纹，且裂纹随着荷载的增加逐渐扩张，当荷载达到 38kN 时锥体裂缝达到 3mm 的宽度，此时荷载位移曲线斜率突然增加说明混凝土内部的尾配筋与混凝土之间的粘结力发挥主要作用，荷载继续增加试件侧面沿着破坏锥体的顶点出现竖向裂缝，且该裂缝的宽度逐渐变大，荷载达到 50kN 时竖向裂缝贯穿到试件底部。为了防止试件劈裂成两半，此时千斤顶卸载停止试验。经测量破坏的锥体区域长度约为 220mm，高为 65mm，锥面破坏角度约为30.6°，与发生理想锥体破坏的角度相比偏小。

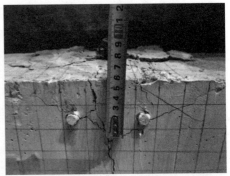

图 4-14　YZ（90mm）试件锥体破坏

Fig.4.14　Vertebral destruction of YZ（90mm）specimen

（4）提升管件

如图 4-15 所示，提升管件在陶粒混凝土中的破坏现象大致相同，均发生了锥体破坏形态，其中依据产品说明书埋置深度为 61mm 管件尾部配置长度为 550mm，直径为 10mm 的带肋钢筋。埋深为 73mm 的提升管件尾部配置长为 780mm，直径为 12mm 的带肋钢筋。预埋吊件和混凝土试件均未见明显变化，随着荷载的增加，在荷载为 37KN 时试件上表面沿预埋吊件 45°方向开始出现裂缝，并形成了竖向裂缝，裂缝迅速扩展到试件前后表面，出现呈倒锥体形状的裂缝，当锥形裂缝形状基本形成后沿锥形裂缝中间偏右部位向下形成竖向裂缝，试件发生了锥体破坏。埋深为 61mm 的试件其破坏区域长约为 260mm，高度为 55mm，锥形体角度约为 23°。埋深为 73mm 的试件其破坏区域长约为 390mm，高度为 90mm，锥形体角度约为 24.8°。均小于理想锥体破坏角度。

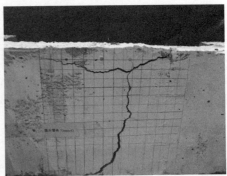

图 4-15　TS 试件锥体破坏（一）

Fig4.15　Vertebral destruction of TS specimen（1）

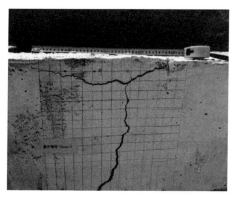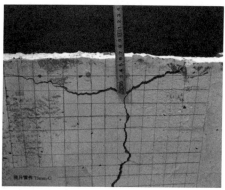

图 4-15　TS 试件锥体破坏（二）

Fig4.15　Vertebral destruction of TS specimen（2）

（5）联合锚栓

联合锚栓在本次试验过程中的破坏形态均为锥体破坏，如图 4-16 所示，荷载加载初期预埋吊件和混凝土均无明显变化但是相对位移在缓慢增加，随着荷载的增加，试件上表面一侧最先出现了裂缝，接着试件侧面突然脆性破坏形成倒锥体破坏裂纹，且出现沿着倒锥体顶点向下竖直延伸的裂缝，该裂缝随着荷载的继续增大迅速贯穿到试件底部。当荷载达到一定值时锥体破坏区域截面断裂，联合锚栓与混凝土一起被拔出脱离基材。断裂面处主要为陶粒骨料的断裂，其中埋深为 100mm 的联合锚栓锥体破坏长度约为 500mm，高度约为 100mm，破坏区域锥面角度约为 22°；埋置深度为 130mm 的联合锚栓其破坏区域长度约为 600mm，高度约为 130mm，其锥面破坏角度约为 23.4°，与《技术规程》及《ACI318》中规定理想锥体破坏面角度为 35°，相比偏小。

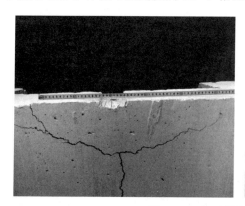

图 4-16　LH 试件锥体破坏（一）

Fig4.16　Vertebral destruction of LH specimen（1）

图 4-16　LH 试件锥体破坏（二）
Fig4.16　Vertebral destruction of LH specimen（2）

综上所述预埋吊件在陶粒混凝土中受拉主要发生锥体破坏形态，现对各类预埋吊件的破坏形态进行汇总，见表 4-10 所示。

试验破坏形态　　　　　　　　　　　　　　　　　表 4-10

Test failure mode　　　　　　　　　　　　　　**Tab.4.10**

吊件种类	埋置深度（mm）	陶粒混凝土强度（MPa）	破坏形态	破坏锥面角度
SA 分叉提升板件	160	23.4	锥体破坏	33°
	170	23.4	锥体破坏	31.7°
EA 提升板件	200	23.4	锥体破坏	31°
圆锥头端眼锚栓	68	23.4	锥体破坏	15°
	90	23.4	锥体破坏	30.6°
提升管件	61	23.4	锥体破坏	23°
	73	23.4	锥体破坏	24.8°
联合锚栓	100	23.4	锥体破坏	22°
	130	23.4	锥体破坏	23.4°

根据表 4-10 可对各类预埋吊件在陶粒混凝土中的拉拔试验现象及破坏原因总结如下：

（1）在受拉荷载作用下，预埋吊件在陶粒混凝土中的主要破坏形态为锥体破坏，但锥面破坏角度与理想锥体破坏角度相比偏小，原因总结如下：

① 对于底部配置尾筋的预埋吊件，如圆锥头端眼锚栓和提升管件，该类型吊件均在尾部配置了长度不同的加强筋，在受拉荷载作用下其与预埋吊件共同受

力。由于尾配筋弯折成 45°，在传力路径上与吊件自身相比，尾配筋传力区域较大，当荷载达到一定程度时钢筋对混凝土产生向上的力，使基材混凝土沿着尾筋的传力方向破裂，从而导致锥体破坏区域长度变大，破坏角度随之减小。

② 为了防止试件在受拉荷载作用下受弯破坏要早于吊件的拉拔破坏，在基材混凝土的理论破坏区域配置了相应的抗弯钢筋，对于埋置深度较浅且配置尾部钢筋的吊件，其抗弯钢筋与尾部筋之间距离较小或互相接触卡位，导致在受拉时锥体破坏裂缝总是沿着受弯钢筋延伸，使锥体高度低于吊件埋深，从而使锥体破坏角度变小。

（2）穿筋类预埋吊件圆锥头端眼锚栓及提升管件在试验过程中极限承载力较大，荷载—位移曲线显示当试件破坏以后荷载下降到一定程度时荷载将继续增大，说明此时预埋吊件尾部钢筋开始发挥作用能够继续承受外部荷载，因此使用穿筋类预埋吊件吊装时，即使构件本身发生破坏，其仍有一定的安全储备。

4.2.2　承载力分析

通过对埋置在陶粒混凝土中的预埋吊件进行拉拔试验得到其试验极限荷载值，结果详见表 4-11 所示。

吊件在陶粒混凝土中的试验荷载值　　　　　　　　　表 4-11

Test load value of hanging inserts in ceramsite concrete　　Tab.4.11

吊件种类	直径（mm）	混凝土强度（MPa）	埋深（mm）	试验破坏荷载（kN）	平均值（kN）
SA 分叉提升板件	—	23.4	160	56.82/58.69/64.32	59.94
	—	23.4	170	59.04/58.72/63.48	60.41
EA 分叉提升板件	—	23.4	200	58.92/64.73/66.82	63.49
圆锥头端眼锚栓	10	23.4	68	42.47/46.38/44.72	44.52
	13	23.4	90	50.23/52.47/48.28	50.33
提升管件	16	23.4	61	57.67/49.85/54.32	53.95
	24	23.4	73	57.81/57.95/58.63	58.13
联合锚栓	12	23.4	100	41.78/45.39/44.46	43.88
	16	23.4	130	58.21/62.24/65.48	61.98

由上表可知，同种类型预埋吊件在同种工况下的极限承载力随着埋置深度的

增加而增加，但是埋置深度为 68mm、90mm 的圆锥头端眼锚栓极限承载力和埋置深度为 61mm、73mm 的提升管件的极限承载力却大于埋置深度为 100mm 的联合锚栓的极限承载力，其根本原因在于前二者都配置了相应的尾配筋，其与混凝土形成了良好的粘结作用，在一定程度上大大提高了预埋吊件的承载能力。

为了更好地研究预埋吊件在陶粒混凝土中的抗拉性能及其折减系数，需对三大规范理论值进行计算。

① 《技术规程》理论计算见表 4-12 所示。

理论规范承载力计算　　　　　　　　　　　表 4-12
Calculation of theoretical standard bearing capacity　　Tab.4.12

吊件种类	h_{ef}（mm）	$N_{Rk,c}^0$（kN）	$\dfrac{A_{c,N}}{A_{c,N}^0}$	$\varphi_{s,N}$	$\varphi_{re,N}$	$\varphi_{ec,N}$	$N_{Rk,c}$（kN）
SA 分叉提升板件	160	95.94	0.42	0.83	1.0	1.0	33.44
	170	105.08	0.39	0.82	1.0	1.0	33.60
EA 分叉提升板件	200	134.08	0.33	0.80	1.0	1.0	35.40
圆锥头端眼锚栓	68	26.58	1.0	0.97	0.875	1.0	22.56
	90	40.48	0.74	0.90	1.0	1.0	26.96
提升管件	61	22.59	1	0.95	0.81	1.0	17.38
	73	29.57	0.91	0.91	0.87	1.0	21.30
联合锚栓	100	47.41	0.67	0.90	1.0	1.0	28.59
	130	70.27	0.51	0.85	1.0	1.0	30.46

将预埋吊件在陶粒混凝土中的试验极限荷载、名义荷载、规范理论值进行对比见表 4-13 所示，得出预埋吊件在陶粒混凝土中的折减系数。

承载力数值对比　　　　　　　　　　　表 4-13
Numerical comparison of bearing capacity　　Tab.4.13

吊件种类	埋深（mm）	名义荷载（kN）	试验荷载平均值 N（kN）	《技术规程》理论值 $N_{Rk,c}$（kN）	比值 $\dfrac{N}{N_{Rk,c}}$
SA 分叉提升板件	160	35	59.94	31.61	1.89
	170	62.5	60.41	31.76	1.90
EA 分叉提升板件	200	35	63.49	33.45	1.90
端眼锚栓	68	32.5	44.52	19.93	2.23
	90	62.5	50.33	25.47	1.98

吊件种类	埋深（mm）	名义荷载（kN）	试验荷载平均值 N（kN）	《技术规程》理论值 $N_{Rk,c}$（kN）	比值 $\dfrac{N}{N_{Rk,c}}$
提升管件	61	30	53.95	16.42	3.29
	73	50	58.13	20.13	2.89
联合锚栓	100	12.5	43.88	27.57	1.59
	130	30	61.98	29.37	2.11

根据上表中名义荷载、试验荷载以及规范理论计算荷载的数值对比，对预埋吊件在陶粒混凝土中的拉拔试验结果总结如下：

1）对于不同埋置深度的同种类型预埋吊件其试验极限荷载值随着埋置深度的增加而变大，且试验得出的极限荷载平均值均远远大于理论值，说明《技术规程》的计算公式比较保守。

2）本试验的极限荷载与理论计算荷载比值的平均值约为 2.2，但本试验理论计算只考虑了混凝土强度大小，未考虑混凝土骨料强度导致的理论计算折减影响，因此与预埋吊件生产厂家提供的产品说明书中提到的 2.5 的安全系数相比偏小。为了保证安全系数为 2.5，需在该理论计算公式中乘以折减系数 0.88，该折减系数与吊件在火山渣混凝土中拉拔试验得到的折减系数 0.8 非常接近。

3）由上表可知圆锥头端眼锚栓和提升管件这两种类型预埋吊件的试验荷载与理论计算值的比值最大，其原因为该类吊件在底部穿插了尾配筋，当吊件本身与混凝土的作用失效时，尾配筋与混凝土之间的粘结力可继续承受外部荷载，从而导致该类型预埋吊件的试验极限荷载值较大。

②《ACI318》理论计算见表 4-14 所示。

理论规范承载力计算　　　　　　　　　表 4-14

Calculation of theoretical standard bearing capacity　　Tab.4.14

吊件种类	h_{ef}（mm）	N_b（kN）	$\dfrac{A_{nc}}{A_{nco}}$	$\varphi_{ed,n}$	$\varphi_{c,n}$	$\varphi_{cp,n}$	N_{cbg}（kN）
SA 分叉提升板件	160	97.90	0.42	0.83	1.0	1.0	34.12
	170	107.22	0.39	0.82	1.0	1.0	34.28
EA 分叉提升板件	200	136.82	0.33	0.80	1.0	1.0	36.12
圆锥头端眼锚栓	68	27.12	1.0	0.97	1.0	1.0	26.31
	90	41.30	0.74	0.90	1.0	1.0	27.51

续表

吊件种类	h_{ef}（mm）	N_b（kN）	$\dfrac{A_{nc}}{A_{nco}}$	$\varphi_{ed,n}$	$\varphi_{c,n}$	$\varphi_{cp,n}$	N_{cbg}（kN）
提升管件	61	23.05	1	0.95	1.0	1.0	21.89
	73	30.17	0.91	0.91	1.0	1.0	24.98
联合锚栓	100	48.37	0.67	0.90	1.0	1.0	29.17
	130	71.70	0.51	0.85	1.0	1.0	31.08

《ACI318》中规定若基材采用的是轻型混凝土，则预埋吊件承载力的计算应在普通混凝土计算公式上乘以混凝土的折减系数，其中全轻混凝土折减系数为 0.75，轻骨料混凝土为 0.8。因此为了验证其折减系数是否正确，将按照《ACI318》理论公式计算得出的理论计算值与试验平均荷载进行对比，见表 4-15 所示。

承载力数值对比
Numerical comparison of bearing capacity

表 4-15
Tab.4.15

吊件种类	埋深（mm）	试验荷载平均值 N（kN）	《ACI318》理论值 N_{cbg}（kN）	比值 $\dfrac{N}{N_{cbg}}$
SA 分叉提升板件	160	59.94	34.12	1.76
	170	60.41	34.28	1.76
EA 分叉提升板件	200	63.49	36.12	1.75
端眼锚栓	68	44.52	26.31	1.68
	90	50.33	27.51	1.82
提升管件	61	53.95	21.89	2.45
	73	58.13	24.98	2.32
联合锚栓	100	43.88	29.17	1.51
	130	61.98	31.08	1.9

通过表 4-15 可知，试验得出的极限承载力平均值也大于通过《ACI318》中规定的计算公式得出的理论值，其比值的平均值约为 1.9，且各类吊件的比值较为平稳，但试验荷载值较规范理论值相差较大。为了保证预埋吊件的安全系数为 2.5，需降低其理论计算指导的安全荷载值。由于本试验中试验平均承载力与理

论计算值的比值为 1.8，因此若按此规范进行计算预埋吊件在陶粒混凝土中的承载力，其折减系数应为 0.76，该折减系数与在火山渣混凝土试验值中分析的折减系数 0.7 极其相近。

③《CEN/TR15728》理论计算值见表 4-16 所示。

理论计算值　　　　　　　　　　　　　　　表 4-16

Theoretical calculation value　　　　　　　Tab.4.16

吊件种类	h_{ef}（mm）	$N_{Rd,c}^0$（kN）	$\dfrac{A_{c,N}}{A_{c,N}^0}$	$\psi_{s,N}$	$\psi_{re,N}$	$\psi_{ec,N}$	$N_{Rd,c}$（kN）
SA 分叉提升板件	160	116.50	0.42	0.83	1.0	1.0	40.61
	170	127.59	0.39	0.82	1.0	1.0	40.80
EA 分叉提升板件	200	162.82	0.33	0.80	1.0	1.0	42.98
圆锥头端眼锚栓	68	32.28	1.0	0.97	1.0	1.0	31.31
	90	49.15	0.74	0.90	1.0	1.0	32.73
提升管件	61	27.43	1	0.95	1.0	1.0	26.06
	73	35.90	0.91	0.91	1.0	1.0	29.73
联合锚栓	100	57.56	0.67	0.90	1.0	1.0	34.71
	130	85.32	0.51	0.85	1.0	1.0	36.99

将按照该规范计算得出的理论值与试验所得的极限承载力平均值进行对比，其对比数据见表 4-17 所示。

承载力数值对比　　　　　　　　　　　　　表 4-17

Numerical comparison of bearing capacity　　　Tab.4.17

吊件种类	埋深（mm）	试验荷载平均值 N（kN）	《15728》理论值 $N_{Rd,c}$（kN）	比值 $\dfrac{N}{N_{Rd,c}}$
SA 分叉提升板件	160	59.94	40.61	1.48
	170	60.41	40.80	1.48
EA 分叉提升板件	200	63.49	42.98	1.48
端眼锚栓	68	44.52	31.31	1.42
	90	50.33	32.73	1.54

续表

吊件种类	埋深（mm）	试验荷载平均值 N（kN）	《15728》理论值 $N_{Rd,c}$（kN）	比值 $\dfrac{N}{N_{Rd,c}}$
提升管件	61	53.95	26.06	2.07
	73	58.13	29.73	1.96
联合锚栓	100	43.88	34.71	1.26
	130	61.98	36.99	1.68

根据上表试验荷载以及规范理论计算荷载的数值对比，对预埋吊件在陶粒混凝土中的拉拔试验结果总结如下：

① 与《技术规程》及《ACI318》计算所得比值趋势相同，比值最大的依然出现在穿筋类的圆锥头端眼锚栓及提升管件中，说明尾部配置的钢筋在预埋吊件承受外部受拉荷载作用时起到很大的作用，尾配筋大大的增加了吊件承载能力。

② 本试验的极限荷载与理论计算荷载比值的平均值约为 1.6，但本试验理论计算只考虑了混凝土强度大小，未考虑混凝土陶粒骨料强度导致的理论计算折减系数，因此与预埋吊件生产厂家提供的产品说明书中提到的 2.5 的安全系数相比偏小。为了保证安全系数为 2.5，需在该理论计算公式中乘以折减系数 0.64。

为了更直观的观测预埋吊件在陶粒混凝土中的试验平均值与各规范理论计算值之间的关系，现将试验荷载值与各规范理论计算值进行数据对比分析，见表4-18所示。

试验值与理论值的数据对比   表 4-18

Comparison of data between experimental and theoretical values   Tab.4.18

吊件种类	埋深（mm）	混凝土强度（MPa）	试验平均值（kN）	《技术规程》理论值（kN）	《ACI318》理论值（kN）	《15728》理论值（kN）
SA 分叉提升板件	160	23.4	59.94	31.61	34.12	40.61
	170	23.4	60.41	31.76	34.28	40.80
EA 分叉提升板件	200	23.4	63.49	33.45	36.12	42.98
圆锥头端眼锚栓	68	23.4	44.52	19.93	26.31	31.31
	90	23.4	50.33	25.47	27.51	32.73

续表

吊件种类	埋深（mm）	混凝土强度（MPa）	试验平均值（kN）	《技术规程》理论值（kN）	《ACI318》理论值（kN）	《15728》理论值（kN）
提升管件	61	23.4	53.95	16.42	21.89	26.06
	73	23.4	58.13	20.13	24.98	29.73
联合锚栓	100	23.4	43.88	27.57	29.17	34.71
	130	23.4	61.98	29.37	31.08	36.99

由上表可知预埋吊件在陶粒混凝土中的试验极限承载力平均值均大于各规范理论计算值，且《CENTR/15728》≥《ACI318》≥《技术规程》。

综上可知：预埋吊件在轻骨料混凝土中承载力折减系数并不随着轻骨料种类的变化而变化，按照各规范理论值计算所得承载力折减系数较为平稳，其中《技术规程》理论计算的折减系数取值范围为 0.8～0.88，《ACI318》理论计算的折减系数取值范围为 0.7～0.76，《CENTR/15728》理论计算的折减系数取值范围为 0.6～0.64。为了安全起见在设计阶段建议取最小值。

为了能够更加直观地看出吊件在陶粒混凝土中的试验荷载平均值与各规范理论计算值之间的离散关系，现将各预埋吊件的试验平均值及理论计算值绘制在坐标轴上，如图 4-17 所示。

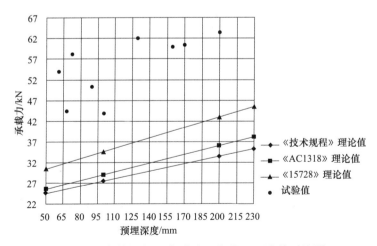

图 4-17　陶粒混凝土中试验平均值和理论值对比图

Fig.4.17　Comparison diagram of test and theoretical values in ceramsite concrete

由图 4-17 可知，其试验荷载平均值与各规范理论计算值之间的趋势关系相同，其中《ACI318》的理论计算值与《技术规程》的理论计算值相近，但与试验荷载平均值偏差较大，而《CEN/TR15728》的理论计算值与试验极限荷载相对接近，且二者之间的比例关系较为平稳，说明《CEN/TR15728》的理论计算公式充分考虑了材料的力学性能，因此在预埋吊件的设计使用阶段应以此规范作为主要理论依据。

4.3 不同混凝土中承载力的数值对比

第 2 章中对预埋吊件受拉承载力的影响因素及原理进行了详细阐述，现对本试验中预埋吊件在不同种混凝土中的试验极限荷载进行数值对比，见表 4-19 所示，观察埋置深度及混凝土强度对吊件承载力的影响程度。

承载力数值对比 表 4-19
Numerical comparison of bearing capacity Tab.4.19

吊件种类	埋置深度（mm）	直径（mm）	火山渣混凝土强度（MPa）	火山渣混凝土中的试验荷载（kN）	陶粒混凝土强度（MPa）	陶粒混凝土中的试验荷载（kN）
SA 分叉提升板件	160	—	20.9	43.76	23.4	59.94
	170	—	20.9	46.01	23.4	60.41
EA 分叉提升板件	200	—	20.9	43.01	23.4	63.49
圆锥头端眼锚栓	68	10	20.9	42.16	23.4	44.52
	90	13	20.9	46.30	23.4	50.33
提升管件	61	16	20.9	49.18	23.4	53.95
	73	20	20.9	68.27	23.4	58.13
联合锚栓	100	12	20.9	38.17	23.4	43.88
	130	16	20.9	44.17	23.4	61.98

由表 4-19 可以看出预埋吊件随着混凝土强度及埋置深度的变化其承载力的变化趋势：

（1）对同种类型预埋吊件而言埋深越大其承载力越大，混凝土强度越高承载力越大。

（2）对于不同类型的预埋吊件，其承载能力并不一定随着埋置深度、混凝土强度的提高而增加，如上表中埋置深度为 61mm 的提升管件其在火山渣混凝土中的试验平均值为 49.18kN，在陶粒混凝土中的试验平均值为 53.95kN，而埋置深度为 68mm、90mm 圆锥头端眼锚栓，其在火山渣混凝土中的试验荷载值分 42.16kN、46.30kN；在陶粒混凝土中的试验荷载分别为 44.52kN、50.33kN。出现此类现象的原因是吊件承载力的大小不仅与埋置深度和混凝土强度有关，还和吊件的直径有着直接关系。埋深为 61mm 的提升管件其直径为 16mm，端眼锚栓的直径分别为 10mm、13mm，因此尽管提升管件埋置深度较小，但是其承载力却比圆锥头端眼锚栓承载力大。故对于不同类型的预埋吊件，若其埋深相差无几，且作用于同种强度混凝土时，其直径大小将成为决定其承载能力的重要因素。

在本次试验中本课题组也对 SA 分叉提升板件、圆锥头端眼锚栓、提升管件及联合锚栓在普通混凝土中的拉拔力学性能进行了试验研究，不同的是本次试验所用普通混凝土测得的强度为 15.47MPa，因此为了更直观地将轻骨料混凝土中吊件承载力大小与普通混凝土中承载力大小进行对比，从而验证上述折减系数的正确性，需将普通混凝土中测得的承载力大小按公式 $N_{\mathrm{Rk,c}}^{0}=k\sqrt{f_{\mathrm{cu,k}}}h_{\mathrm{ef}}^{1.5}$（$k_{\mathrm{c}}$ 为常数）中混凝土强度 0.5 次方的比例推算相同混凝土强度下承载力大小，具体结果见表 4-20 所示。

不同基材中承载力数值对比　　　　表 4-20
Numerical comparison of bearing capacity in different substrates　Tab.4.20

吊件种类	普通混凝土中承载力试验值（kN）	推算 20.9MPa 时承载力 N_1（kN）	火山渣混凝土中的试验荷载 N_2（kN）	比值 $\dfrac{N_2}{N_1}$	推算 23.4MPa 的承载力 N_3（kN）	陶粒混凝土中试验荷载 N_4（kN）	比值 $\dfrac{N_4}{N_3}$
SA 提升板件	37.45	44.94	43.76	0.97	56.20	59.94	1.06
	41.37	49.64	46.01	0.92	62.10	60.41	0.97
端眼锚栓	42.7	51.24	42.16	0.82	64.05	44.52	0.70
	48.1	57.72	46.3	0.8	72.15	50.33	0.70
提升管件	40.23	52.28	49.18	0.94	60.35	53.95	0.89
	50.84	61.01	58.27	0.96	76.26	58.13	0.76
联合锚栓	39.45	47.34	38.17	0.80	59.18	43.88	0.75
	44.17	53.01	44.17	0.83	66.26	61.98	0.93

由表 4-20 可知在混凝土强度相同的前提下，预埋吊件在轻骨料混凝土中的承载力平均大约为普通混凝土中承载力的 0.8 ～ 0.9 倍，该比值与上述《技术规程》所得折减系数取值范围完全相同，说明预埋吊件承载力大小与混凝土种类有关。

经过上述 4.1、4.2 的承载力分析我们可知由于各规范中理论计算公式所考虑的影响因素几乎相同，不同的只是吊件发生理想锥体破坏时其计算公式 $N_{Rk,c}^0 = k \sqrt{f_{cu,k}} h_{ef}^{1.5}$ 中 k_c 的取值不同，其中《技术规程》中 $k_c = 9.8$；《ACI318》中 $k_c = 10$；《15728》中 $k_c = 11.9$；因此对于预埋吊件在轻骨料混凝土中发生理想锥体破坏时的承载力计算公式应为：

$$N_{Rk,c}^0 = k \sqrt{f_{cu,k}} h_{ef}^{1.5}$$
$$k = \alpha \cdot k_c$$

其中 α 为折减系数，因此《技术规程》中 $k = 7.8$；《ACI318》中 $k = 7.0$；《15728》中 $k = 7.14$。

4.4 荷载位移曲线

本次试验利用压力传感器连接数据采集板记录了预埋吊件轴向受拉时的荷载—位移关系，测得的荷载-位移曲线如图 4-17 所示，由图可得如下结论：

（1）扩底类预埋吊件（SA 分叉提升板件、EA 分叉提升板件及联合锚栓）其荷载位移曲线大致可以分为三个阶段：

①弹性阶段：荷载加载初期，其荷载-位移曲线基本上呈线性变化，此时预埋吊件与混凝土的受力区域共同变形，其极限荷载为弹性极限荷载，该荷载一般为 $0.7 \sim 0.8 F_u$，这一阶段为预埋吊件的安全使用阶段。

②弹塑性阶段：当预埋吊件受到的轴向荷载超过弹性极限荷载时，吊件及其周围混凝土的变形开始增大，此时荷载-位移曲线表现为向位移轴弯曲，荷载增长较慢，相对位移增长较快；试件破坏现象表现为混凝土基材裂缝开始扩展，直到达到极限荷载 F_u。

③破坏阶段：当荷载超过极限荷载值后，荷载急剧下降，相对位移继续增大，此时吊装系统失效，试件发生破坏。

（2）穿筋类预埋吊件的荷载-位移曲线大致也可分为三个阶段：弹性阶段，弹塑性阶段及破坏阶段，与扩底类吊件不同的是其破坏阶段中当荷载急剧下降一段后，荷载又开始增大，此时其尾部筋与混凝土之间的粘结力开始发挥作用，外部荷载由尾筋直接传递给周围混凝土，因此使用穿筋类预埋吊件即使吊件周围混凝土发生严重破坏依然有一定的安全储备。

（3）从图 4-17 可知，在同一埋置深度下预埋吊件承载力随着混凝土强度的提高而增加；在同一混凝土强度下，预埋吊件承载力随着埋置深度的增加而增大。

（4）由荷载-位移曲线可知，开裂荷载及开裂位移的大小随着混凝土强度的提高而变大，其原因为混凝土强度的提高导致弹性模量的增加。

（5）由荷载-位移曲线可知扩底类预埋吊件如发生锥体破坏时，如图 4-18（a）、（b）所示，其弹性阶段较长，弹塑性曲线较短，即吊件发生锥体破坏是脆性破坏。

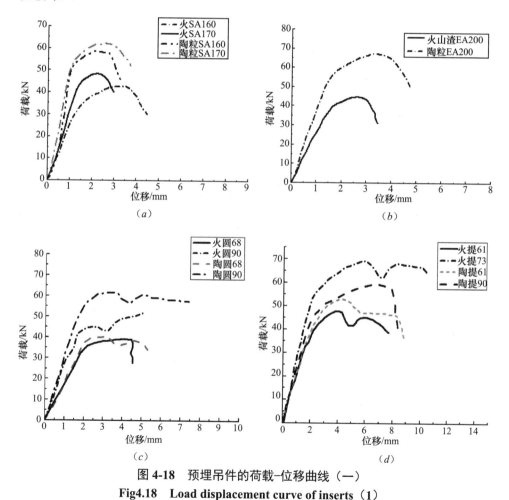

图 4-18　预埋吊件的荷载-位移曲线（一）

Fig4.18　Load displacement curve of inserts（1）

（a）SA 分叉提升板件；（b）EA 分叉提升板件；
（c）圆锥头端眼锚栓；（d）圆锥头端眼锚栓

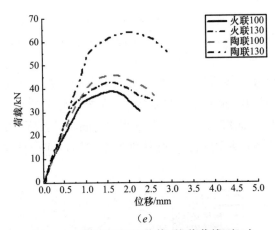

（e）

图 4-18　预埋吊件的荷载–位移曲线（二）

Fig4.18　Load displacement curve of inserts（2）

（e）联合锚栓

注：图中示例说明均为缩写，例如火 SA160 代表埋置深度为 160mm 的 SA 分叉提升板件。

4.5　本章小结

本章主要内容为对五种预埋吊件分别在火山渣混凝土和陶粒混凝土中的拉拔试验现象及试件破坏形态进行分析，并将试验荷载数据与国内外规范《技术规程》、《ACI318》及《CEN/TR15728》的理论计算值进行对比得出如下结论：

（1）本次试验预埋吊件在火山渣混凝土、陶粒混凝土中主要发生锥体破坏，其破坏角度均略低于理想锥体破坏角度。

（2）通过将试验荷载值与三大规范理论值进行对比发现《技术规程》理论计算值与《ACI318》的理论计算值相接近，但与试验荷载平均值相差较大，而《CEN/TR15728》理论计算值与试验荷载平均值相对较为接近，说明在保证安全的情况下通过该理论计算公式得出的吊件承载力更加合理，其能充分发挥材料的力学性能，且在试验荷载平均值与理论值之间的比值《CENTR/15728》表现得较为平稳，因此对于预埋吊件的理论计算应以此规范作为主要依据。

（3）在理论计算过程中只考虑了混凝土抗压强度，未考虑轻骨料的强度折减系数，因此预埋吊件在轻骨料混凝土中的试验荷载平均值与理论计算值的比值与产品手册规定的 2.5 的安全系数相比偏小，因此为了安全起见，须使其安全系数为 2.5，故在计算预埋吊件在轻骨料混凝土的理论值时需在普通混凝土计算公式的基础上乘以折减系数，本章对三大规范的折减系数进行了详细的分析。

第 5 章 结论与展望

5.1 结论

本书通过对五种预埋吊件分别在火山渣混凝土、陶粒混凝土中的拉拔试验来研究预埋吊件在轻骨料混凝土中的破坏形态及承载力发展趋势，进而得出在保证安全系数为 2.5 的基础上的轻骨料混凝土中吊件承载力的折减系数，得出主要结论如下：

（1）破坏形态：

本次试验中所有试件均发生锥体破坏形态，破坏角度均略小于理想锥体破坏角度，其主要原因为理想锥体破坏是在素混凝土中进行测量的，而本次试验为了防止构件破坏区域发生受弯破坏而在破坏区域处配置了受弯钢筋，且穿筋类预埋吊件尾部按照产品手册均配置了相应的尾配筋，这些钢筋使得吊件与混凝土的传力路径变大，从而使其破坏区域长度增加，破坏角度减小。

（2）承载力的影响因素

通过试验荷载对比可知对于同种类型预埋吊件而言其承载力随着埋置深度、混凝土强度的增加而增加，但对于不同类型的预埋吊件而言由于其构造形式及传力路径的不同，其承载力不仅仅与埋深、混凝土强度有关，如圆锥头端眼锚栓和提升管件的试验荷载充分说明了不同类型的预埋吊件其承载力大小也与吊件自身的直径大小有关。

（3）规范理论分析

将预埋吊件在火山渣混凝土及陶粒混凝土的试验荷载平均值分别与《技术规程》、《ACI318》、《CEN/TR15728》的理论计算值相对比发现试验承载力均大于规范理论值，且《ACI318》与《技术规程》的理论计算值较为接近，但是这两部规范计算所得理论值与试验荷载平均值相比偏差较大，说明这两本规范的计算方法较为保守，而《CEN/TR15728》的理论计算值与试验极限荷载平均值相对接近，说明在保证安全的情况下通过该理论计算公式得出的吊件承载力更加合理，其能充分发挥材料的力学性能，且在试验荷载平均值与理论值之间的比值，《CENTR/15728》表现得较为平稳，因此对于预埋吊件的理论计算应以此规范作为主要依据。

（4）轻骨料混凝土中承载力折减系数

通过对试验极限荷载及规范理论计算值对比发现：试验荷载远远大于规范理论荷载，说明规范理论计算公式较为保守，有一定的安全储备，其中试验极限荷载与各规范理论计算值的比值不同，其中预埋吊件试验荷载与《技术规程》理论计算值的比值约为2.0，与《ACI318》理论计算值的比值约为1.7，与《15728》理论计算值的比值约为1.6。这些比值与吊件产品手册中规定的2.5的安全系数相比都偏小，不过本次试验基材采用的是轻骨料混凝土，在理论计算时只考虑了混凝土强度的影响，未考虑轻骨料对预埋吊件承载力的折减影响，因此要保证2.5的安全系数，通过本试验数值对比计算可知，当基材采用轻骨料混凝土时，若预埋吊件承载力按《技术规程》理论公式进行计算，应乘以折减系数0.8；若按《ACI318》进行计算则应乘以折减系数0.7；若按《15728》进行计算则乘以0.6。即预埋吊件作用于轻骨料混凝土中时，其理论计算公式应为：

$$N_{\mathrm{Rk,c}}^0 = k\ \sqrt{f_{\mathrm{cu,k}}}\ h_{\mathrm{ef}}^{1.5}$$
$$k = \alpha \cdot k_{\mathrm{c}}$$

其中 α 为折减系数，因此《技术规程》中 $k = 7.8$；《ACI318》中 $k = 7.0$；《15728》中 $k = 7.14$。

5.2 展望

市面上预埋吊件的构造形式较多，在不同工况中传力途径各不相同，影响其承载力大小的因素也较为复杂，因此根据目前的研究进展，笔者建议从以下几方面继续开展预埋吊件在轻骨料混凝土中的相关研究：

（1）其他类型的预埋吊件

本书只对扩底类的分叉提升板件及联合锚栓、穿筋类的提升管件及圆锥头端眼锚栓在轻骨料混凝土中的破坏形式及承载力变化趋势进行了试验研究，后续可对端部异形及底部板状类预埋吊件在轻骨料混凝土基材中的受力情况展开研究。

（2）拉剪耦合作用

本书只针对单个预埋吊件在轻骨料混凝土基材中的受拉力学性能进行研究并提出了相关折减系数，但是实际施工中预制构件的吊装大都是两点起吊或四点起吊，此时预埋吊件由于扩展角的存在并不是单纯的受拉或受剪，而是受到拉剪耦合作用，因此后续可对轻骨料混凝土基材中预埋吊件的拉剪耦合作用展开相关研究，并推导其计算公式。

（3）基材配置受力钢筋

实际工程中预埋吊件都是作用于配置了受力钢筋的混凝土预制构件，因此可以开展在配置了受力筋的基材试件中预埋吊件承载力的变化趋势及破坏模式。

（4）轻骨料混凝土中预埋吊件的抗剪性能

本书只针对吊件在轻骨料混凝土中的抗拉性能进行了试验研究，但是在实际工程中如管道的吊装，预埋吊件会受到剪切作用，因此应对预埋吊件在轻骨料混凝土中的抗剪性能进行相关研究。

参考文献

[1] 刘文军. 浅析我国装配式建筑的发展趋势 [J]. 工程技术 : 2016(12): 00062-00062.

[2] 蒋勤俭, 刘昊, 钟志强. 混凝土预制构件行业发展与定位问题的思考 [J]. 混凝土世界, 2011(4): 20-22.1.

[3] 张家祥. 浅谈装配式 (PC) 建筑的发展前景 [J]. 建筑工程技术与设计, 2015(35).

[4] 何晓凯. 浅谈装配式混凝土结构的优缺点 [J]. 中国房地产业, 2016(6).

[5] 蒋勤俭. 国内外装配式混凝土建筑发展综述 [J]. 建筑技术, 2010, 41(12): 1074-1077.

[6] 齐宝库. 装配式建筑发展瓶颈与对策研究 [J]. 沈阳建筑大学学报 (社会科学版), 2015(2): 156-159.

[7] 邓辉, 宋优优. 预制混凝土构件吊具产品现状与发展趋势 [J]. 混凝土世界, 2015(12): 79-82.

[8] 孙丽思. 预制混凝土构件的吊装 [J]. 重庆建筑, 2015(8): 54-56.

[9] 梁燕. 装配式混凝土构件吊装工具设计及配件选用 [J]. 混凝土世界, 2017(5): 74-76.

[10] 王从锋, 徐望梅. 预制混凝土构件吊装浅析 [J]. 建筑安全, 2001(12): 18-19.

[11] 张鹏, 迟锴. 工具式吊装系统在装配式预制构件安装中的应用 [J]. 施工技术, 2012, 10: 79-82.

[12] 中华人民共和国行业标准. 装配式混凝土结构技术规程 GJ 1—2014 [S]. 北京 : 中国建筑工业出版社, 2014.

[13] 赵勇, 王晓锋. 预制混凝土构件吊装方式与施工验算 [J]. 住宅产业, 2013, Z1: 60-63.

[14] 刘伟. 边距对扩底类预埋吊件承载力影响有限元分析 [D]. 沈阳建筑大学, 2016.

[15] 中华人民共和国建设部. JGJ 145—2013 混凝土结构后锚固技术规程. 北京 : 中国建筑工业出版社, 2013.

[16] 朱国栋, 陈世鸣. 胀锚型锚栓锚固破坏及承载力研究 [J]. 力学与实践, 2005, 27(6): 29-31.

[17] 张曙光, 邹超英. 膨胀型混凝土用建筑锚栓拉拔试验研究 [J]. 低温建筑技术, 2003(6): 50-52.

[18] 张建荣, 石丽忠, 吴进, 等. 植筋锚固拉拔试验及破坏机理研究 [J]. 结构工程师, 2004, 20(5): 47-51

[19] 何勇, 徐远杰, 林涛. 混凝土结构的双筋粘结锚固性能试验研究 [J]. 武汉大学学报 (工学版), 2003, 36(2): 88-91.

[20] 潘永强. 混凝土结构化学植筋群锚效应研究 [D]. 扬州大学, 2007.

[21] 李毅崑. 混凝土用锚栓受拉极限荷载影响因素研究 [J]. 建筑技术开发, 2016, 43(5): 8-8.

[22] 黎娟娟, 王庆华, 张曙光. 混凝土用锚栓受拉承载力研究综述 [J]. 低温建筑技术, 2009, 31(11): 56-58.

[23] 孙圳. 预埋吊件的拉拔力学性能试验研究 [D]. 沈阳建筑大学, 2015.

[24] 周彬, 吕西林, 任晓崧. 既有砌体结构墙体植筋拉拔性能的理论分析与试验研究 [J]. 建筑结构学报, 2012, 11: 132-141.

[25] 徐印代. 浅谈建筑幕墙预埋件设计 [J]. 施工技术, 2010, S1: 558-561

[26] 周军. 高温条件下大直径锚栓抗拔特性 [J]. 工业建筑, 2013, S1: 512-515 ＋ 490.

[27] ACI 355.2-04: Qualification of Post-Installed Mechanical Anchors in Concrete, 2008.

[28] AC308: Acceptance Criteria for Post-Installed Adhesive Anchors in Concrete Elements, 2009.

[29] AC193: Acceptance Criteria for Mechanical Anchors in Concrete Elements, 2010.

[30] ETAG001-Part5: Guideline for European Technical Approval of Metal Anchors for Use in Concrete, 2008.

[31] ETAG001-Annex A: Guideline for European Technical Approval of Metal Anchors for Use in Concrete, 1997.

[32] ETAG001-Annex C: Guideline for European Technical Approval of Metal Anchors for Use in Concrete, 1997.

[33] Periškić G, Ožbolt J, Eligehausen R. 3D finite element analysis of stud anchors with large head and embedment depth[C]// Fracture Mechanics of Concrete and Concrete Structures - Proceedings of the International Conference on Fracture Mechanics of Concrete and Concrete Structures / Taylor & Francis. 2007.

[34] Ožbolt J, Elighausen R, Reinhardt H W. Size effect on the concrete cone pull-out load[J]. International Journal of Fracture, 1999, 95(1): 391-404.

[35] Eligehausen R, Bouska P, Cervenka V, et al. Size effect of the concrete cone failure load of anchor bolts[J]. Uni Stuttgart - Universitätsbibliothek, 1992.

[36] Ožbolt J, Eligehausen R. Modeling of reinforced concrete by the non-local microplane model[J]. Nuclear Engineering & Design, 1993, 156(1): 249-257.

[37] Ronald A Cook, G T Doeerr, Richard E Klingner. Bond Stress Model for Design of Adhesive Anchors. ACI Structural Journal, 1993, 90(5): 514-524

[38] Ronald A Cook. Behavior of Chemically Bonded Anchors. Journal of Structural Engineering, 1993, 9: 2744-2762

[39] Ronald A Cook, Jacob Kunz, Werner Fuchs, Robert C Konz. Behavior and Design of

Single Adhesive Anchors under Tensile Load in Uncracked Concrete. ACI Structural Journal, 1998, 95(1): 9-25.

[40] Sang- Yun Kima, Chul- Soo Yu, Young- Soo Yoon.Sleeve- typeexpansion anchor behavior in cracked and uncracked concrete[J].N-uclear Engineering and Design, 2004, 228: 273- 281.

[41] Tamon Ueda, Boonchai Stitmannaithum. Experimental Investigation on Shear Strength of Bolt Anchorage Group. ACI Structural Journal, 1991, 5-6: 292-300

[42] Michael Mcway, Ronald A Cook, Kailash Krishnamurthy. Pullout Simulation of Post-Installed Chemically Bonded Anchors. Journal Of Structural Engineering, 1996, 9: 1016-1024

[43] VDI/BV-BS 6205, Lifting Auchor und Lifting Anchor Systems for concrete components, 2012

[44] CEN/TR 15728 "Design and Use of Inserts for Lifting and Handling", Technical Report, CEN, Brussels, May 2008.

[45] Langenfeld-Richrath. Inserts for Lifting and Handling of Precast elements-where are the European Codes A State of the Art, Halfen GmbH, 2012

[46] Machinery Directive 2006/42/EC, Directive 2006/42/EC of the European Parliament and of the Council of 17 May 2006 on machinery, and amending Directive 95/16/EC(recast), Official Journal of the European Union, Brussels, 2006

[47] BGR 106: Sicherheitsregeln für Transportanker und –systeme von Betonfertigteilen, (Safety Regulations for the Testing and Certification of Lifting Anchor Systems for the Lifting of Precast Concrete Elements) Ausgabe April 1992, Hauptverband dergewerblichen Berufsgenossenschaften Fachausschuß "Bau" Sankt Augustin, 1992.

[48] Grundsätze für die Prüfung und Zertifizierung von Transportankersystemen zum Transport von Betonfertigteilen. (Basic Principles for the Testing and Certification of Lifting Anchor Systems for the Lifting of Precast Concrete Elements) Ausgabe10.2006, Hauptverbandder gewerblichen

[49] 广州市建筑科学研究院 . DBJ/T 15—35—2004 混凝土后锚固件抗拔和抗剪性能检测技术规程 .

[50] 上海市建筑科学研究院 . DGT J08—003—2013 建筑锚栓抗拉拔、抗剪性能试验方法 . 上海：同济大学出版社 , 2013。

[51] 中华人民共和国行业标准 .混凝土用膨胀型、扩孔型建筑锚栓 JG 160—2014 [S].北京：中国建筑工业出版社 , 2004.